「더 빨리 배우고 더 많이 기억하기」 시리즈 2

뇌에 투자하라

「더 빨리 배우고 더 많이 기억하기」 시리즈 2
뇌에 투자하라

2004년 8월 10일 1판 1쇄 인쇄
2004년 8월 15일 1판 1쇄 발행

지은이 데이비드 게먼 · 앨런 브래던
옮긴이 윤 영 화
펴낸이 강 찬 석
펴낸곳 도서출판 **나노미디어**
주 소 120-866 서울시 서대문구 북아현3동 1-673호 2층
전 화 02)364-2791 팩 스 02)364-2787
등 록 제8-257호

ISBN 89-89292-16-6
ISBN 89-89292-14-× 03320 (세트)

정가 7,000원
잘못된 책은 바꾸어 드립니다.

「더 빨리 배우고 더 많이 기억하기」 시리즈 ②

Brain Upgrade

뇌에 투자하라

데이비드 게먼 · 앨런 브래던 지음

윤 영 화 옮김

나노미디어

로즈메리가 있다, 이는 기억하기 위한 것이다.
그리고 팬지꽃이 있다. 이는 생각하기 위한 것이다.

–햄릿

머리말

정상적인 유아는 태어난 지 9개월이 지나면 성숙한 다른 영장류를 앞지르게 된다. 유치원이나 초등학교에 들어갈 나이가 되면, 어른들도 못하는, 또 어떤 기술로도 복제할 수 없는 기술들을 스스로에게 성공적으로 가르칠 수 있게 된다. 즉, 모국어를 유창하게 하게 되고 사람들의 얼굴을 알아보는 놀랄 만한 능력을 가지게 된다. 이는 단지 두 가지 예에 불과하다.

「더 빨리 배우고 더 많이 기억하기」 시리즈 1권

인 『뇌를 깨워라』에서는 우리 아기들의 뇌가 얼마나 잘 발달하고 있는지, 한창 배우는 시기에 있는 발달하는 뇌에서는 무엇이 일어나는가를 기술한다. 또한 돌보는 사람으로서의 부모의 역할, 학습불능의 신호, 여러 가지 지능과 기질특성들이 어떻게 드러나는가를 다룬다. 이런 엄청난 성취를 이루게 되는 어린이들의 동기는 태어난지 몇 개월 동안에는 뇌에서 프로그램되어 나오는 생존본능에 의해서 결정된다. 생후 2년이 되면 자의식이 시작된다. 이는 아마도 자신의 취약성에 대한 느낌과 배우려는 욕구에서 나올 것이다. 그리고 생후 7년째가 되면 뇌는 충분히 발달하여 가족 내에서 어떤 책임있는 역할을 담당하게 된다.

「더 빨리 배우고 더 많이 기억하기」 시리즈 2권인 『뇌에 투자하라』에서는 20대 중반부터 시작되는 성숙한 뇌의 활동과 중대관심사를 기술한다. 이때에는 뇌가 가진 파워가 최고조에 도달하는데, 이는 50대 후반까지 이어진다. 이때가 되면 종종 뇌의 작용이 느려지는 데 대한 첫번째 신호가 나타나기 시작한다. 이로 말미암아 때때로 사람들이 당황하게 된다. 여기에서는 이 시기에 영향을 미치는 요인, 그리고 위협을 최소화시키고 정신적 조건화로 기술을 최대화시킬 수 있는 통찰을 제공한다. 중년기에 있는 사람들은 흔히 스트레스 원인과 그 결과에 직면하게 되는데, 이 시리즈 2권에서는 중요한 사건을 기억 · 저장하는 데 있어서 수면의 중요성, 적절한 정서반응, 결정적으로 중요한 자료를 기억에 부호화하고 이를 신뢰롭게 기억해 내는 전략, 뇌보상 체계가 학습을 촉진시키는 방법, 주의집중을 유지시키는 운동, 더 나아가 커피, 점심, 영양분이 뇌기능에 미치는 효과를 다룬다.

더 나이가 들면, 축적된 지식이 힘의 원천이 되고 기억은 가장 큰 기쁨 가운데 하나가 된다. 은퇴한 사람들은 자신의 수양을 쌓을 시간을 가지게 되지만, 인지적인 감퇴를 촉진시키기 쉬운 일상생활을 영위하기도 쉽다. 「더 빨리 배우고 더 많이 기억하기」 시리즈 3권인 『뇌를 점검하라』에서는 그런 기회와 위험성을 다룬다.

이 책에서는 현재의 정보, 이름을 기억하는 데 대한 조언, 가르치는 것의 장기적인 가치, 어떤 종류의 정신적인 운동이 뇌의 쇠퇴를 감소시키는지, 유머가 가진 치유의 힘, 긍정적인 기분이 어떻게 사고를 명확하게 하는지, 신체운동이 어떻게 젊게 만드는지, 영양보충과 약에 관한 사실, 최근에 신경과학이 치매의 영향을 역전시키는 방법에 대해 알아 낸 것에 대해서 다룬다.

이 세 권의 책은 10일 동안 어떻게 기억력을 두 배로 만드는가에 관한 그런 책만은 아니다. 그런 책은 많이 있다. 그리고 그런 책들은 기억의 전형적인 단점과 약점을 피해 가는 학습비결을 배우는 데 유용할 수 있다. 이 책에서 우리는 그런 종류의 실제적인 기억-증진 기술들을 묘사할 것이다. 또한 최근의 뇌연구가 밝힌 학습과 기억이 작용하는 방법, 어떻게 더 빨리 학습하는가, 그리고 어떻게 기억을 유지시키고, 더 깊고 더욱 강력한 수준에서 기억을 증진시킬 수 있는가 하는 방법들을 묘사할 것이다.

인간의 뇌가 어떻게 작용하는가에 관심있는 사람 누구에게나 이런 것은 흥분되는 주제이다. 이 책들은 심지어 1세대 전만 해도 쓸 수 없던 책이다. 새로운 영상 기법 — PET, fMRI, MEG 등 — 은 대부분의 20세기 심리학자들과 정신과 의사들이 어림짐작하는 것보다 훨씬 자세한 수준으로 뇌활동을 나타낸다.

분자생물학의 발달로 신경과학자들은 학습과 기억형성에 관련되는 분자를 정확하게 알아 낼 수 있게 되었다. 또한 기억이 만들어질 때 뇌세포 사이에 있는 연결점에서 일어나는 정확한 구조적인 변화를 구체적으로 알게 되었다. 인간 게놈을 지도화하는 것은 알츠하이머병과 같은 뇌질환을 일으키는 유전자뿐만 아니라, 지능과 기질의 특정한 측면에 대해 부호화하는 유전자를 확인하는 것도 도와주었다. 그리고 정교한 세포추적 기법들은 성숙한 뇌에 아무런 제한없이 새로운 뉴런을 만들 수 있는 줄기세포stem cell가 있다는 사실을 밝혔다.

이렇게 새롭게 발견된 지식의 의미는 대단하다. 때로 무시무시하기까지 하다. 이제 뇌연구자들은 뇌가 기억을 어떻게 분자수준과 구조적 수준에서 부호화하는가를 알게 되었을 뿐만 아니라, 그 과정에 영향을 주어 기억형성을 자동적이면서 노력을 들이지 않고 일어나게 하는 과정 또는 기억이 형성되지 않게 방해하는 과정, 심지어는 이미 형성된 기억을 지우는 과정을 알게 되었다.

PET 스캔은 '레인드랍스 킵 폴링 온 마이 헤드 Raindrops Keep Falling on My Head' 와 같은 노래에 귀 기울일 때 활동을 많이 하는 뇌부위를 알려줄 뿐만 아니라, 명상이나 종교적 통찰 동안 활동하는 영역과 활동하지 않는 영역도 밝히고 있다. 머지않아 늙어가는 사람의 뇌에서 반점을 만드는 베타-아밀로이드 단백질에 의해서 뉴런이 파괴되는 손상을 막든지, 그 손상을 수선하기 위해서 신체 자체의 면역계를 자극하여 작용하는 알츠하이머 백신을 사용할 것이다. 정신적 민감성을 유지하는 호르몬과 줄기세포들을 알약의 형태로 복용하든지, 그것을 뇌로 직접 주입하게 될 것이다. 그리고 프로작 Prozac(주 : 주로 우울증환자에게 처방하는 약)으로 일어난 혁명은 뇌신경 전달계에 변화를 일으키는 알약이 어떻게 기분을 증진시킬 뿐만 아니라, 야망이나 자존감, 기질, 그리고 우리의 정체감의 핵심 가까이에 있는 성격의 다른 측면들까지 조정할 수 있는지에 관해서 우리의 상상력을 자극했다.

언제나 그런 것처럼, 새롭고 중요한 기술은 유망한 약속뿐 아니라 위협도 준다. 그리고 그 질병보다 더 나쁜 치유법도 가져올 수 있다. 자신에게 힘을 주는 것, 자아방어 둘다에 관한 뇌과학의 기본적인 이해는 모든 사람에게 중요하다. 적어도 새로운 뇌연구의 일반적인 발견을 이해하는 것은 점진적으로 교양수준에서도 중요한 부분이 되고 있다. 연구결과들을 지식이 없는 상태에서 단순화시킨 것이나 일화적인 증거에 의존하기에는 그런 연구결과들은 모든 사람들의 생활에 너무나 중요하다.

「더 빨리 배우고 더 많이 기억하기」 시리즈는 브레인웨이브즈 센터Brainwaves Center에서 나오는 다른 책들처럼 생물공학 실험실이나 과학잡지 이외에서는 잘 보고되지 않는 연구결과들을 보통 사람들이 이해하고 사용하는 것을 돕는 목적으로 출판되었다. 이 목표에는 시간이 중요하다. 왜냐하면, 뇌연구가 의존하는 많은 기술들이 하이-테크 기술에 의존하고, 비밀이고 돈이 많이 드는 것이지만, 많은 연구결과들이 즉각적으로 값싸게 그리고 쉽게 적용될 수 있기 때문이다. 마음의 향상과 뇌유지에 관한 중요한 지식은 상업용광고나 대중성의 혜택을 보기는 어렵다. 왜냐하면, 그런 연구결과들에 대한 현실적용은 누구에게나 무료로 이용가능하기 때문이다. 그래서 그 결과들은 상업적으로 이용될 수 없다. 공중건강과 복지의 많은 다른 영역에서처럼, 우리는 무엇이 진행되고 있느냐에 대해서 신뢰로운 정보를 얻기 위해서 어떤 조치들을 취해야 한다.

이 책들은 현재의 과학정보에 대한 소스 북이다.

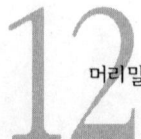

이 책에는 어떻게 학습을 빨리 하고 기억을 굳게 하며, 역량을 쌓고, 자신과 다른 사람을 위하여 자신감과 정신적인 생산성을 쌓느냐에 관한 실제적인 조언이 들어 있다. 그런 이유로 우리들은 「더 빨리 배우고 더 많이 기억하기」 시리즈를 인생의 즐거움에 힘을 주고 형태를 만드는 학생들, 부모들, 교사, 그리고 전문적으로 사람을 돌보는 사람들에게 바치고 싶다.

저자들

옮긴이의 글

뇌에 관한 연구를 해왔고 대학교에서 생리심리학 전공 학생들에게 뇌에 관한 수업을 해 온 내가 이 책을 번역하게 되어 기쁘다.

뇌는 우리가 한없이 흥미를 느낄 수 있는 분야이다. 생리심리학이 내 전공이어서 그런지 모르지만 뇌에 관한 연구는 정말 끝도 없이 재미있다.

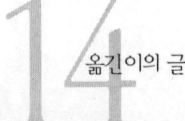

어떤 사람들은 처음에는 뇌에 관한 책이나 정보가 이해하기 어려울 것 같다고 이야기하다가도 막상 나

와 함께 뇌에 대해 이야기를 나눈 후에는 뇌에 관한 사실들에 대단히 많은 호기심이 끌린다고 말한다.

이 책은 원래 세 부분으로 구성되어 있던 『더 빨리 배우고 더 많이 기억하기』라는 책을 각 부분별로 한 권의 책으로 만들어서, 세 권의 책으로 번역 · 출판된 책 중 한 권이다.

그 시리즈 중 첫번째 책인 『뇌를 깨워라』는 자궁에서부터 청소년기까지의 뇌발달 및 특징을 다룬다. 두번째 책인 『뇌에 투자하라』에서는 성인기의 특징적인 뇌관련 사실들을 다룬다. 세번째 책인 『뇌를 점검하라』에서는 노년기의 뇌발달 및 특징 등을 다룬다.

시중에 뇌관련 책들이 많이 나와 있는데 그 중 대다수가 뇌과학의 단편적인 지식에 기초해서 만들어 임시방편적인 수단을 제시하고 있는 경우가 많다. 어떤 경우 마치 코끼리 다리만 만져보고 코끼리 전체에 대한 이야기를 하는 꼴인 경우가 많다.

그런데 「더 빨리 배우고 더 많이 기억하기」 시리즈는 최근까지 나온 신경과학의 정확한 연구결과들을 싣고 있다. 그러면서 이 책은 일반인들이 쉽게 볼 수 있고, 또 일반인들에게 흥미로운 주제들을 다루고 있다. 최근 연구들도 많이 있어 번역자가 생각하기에 '생리심리학' 이나 '뇌' 를 전공하는 학생들에게도 이 책은 가치있다고 본다.

이 책에 있는 뇌관련 최근 연구결과가 특히 의미있는 것은 우리가 일상생활에 적용할 수 있는 실용적인 내용이 많다는 점이다. 정확한 정보에 기초해서 응용하는 것이 중요하기에 이 책이 더욱 의미있다고 생각한다.

끝으로 이 책이 나오기까지 원서선택에서부터 마지막 손질까지 신경써 주신 나노미디어의 강찬석 사장님과 편집위원들에게 감사의 말씀을 드린다.

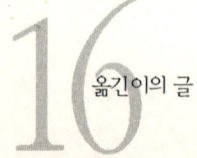

옮긴이 **윤영화**

뇌의 기본적인 해부

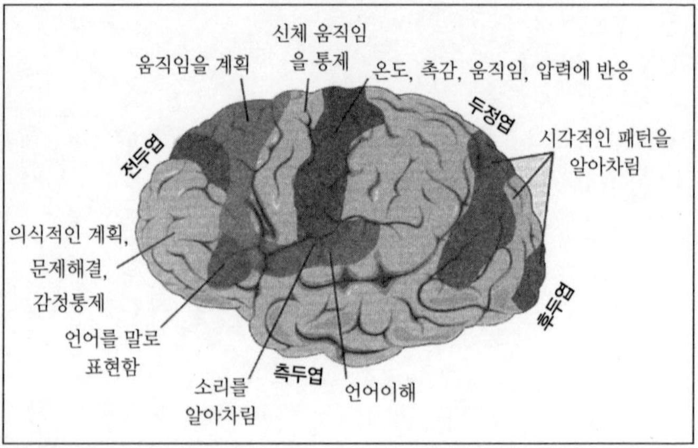

아세틸콜린(Acetylcholine) 주의, 학습, 그리고 기억에서 중요한 역할을 하는 신경전달 물질.

편도체(Amygdala) 변연계의 일부로, 위협적인 것에 정신을 바짝 차리게 하는 뇌 구조물.

축색(Axon) 신경세포의 긴 가지로, 정보를 다른 세포로 전달한다.

조건화(Conditioning) 어떤 사건에 항상 선행하는 자극에 대해 학습된 반응을 하게 되어, 마치 그 자극이 그 사건 자체인 것처럼 된다.

피질(Cortex) 뇌의 표면을 덮고 있는 세포의 층으로 쭈글쭈글하다. 종종 회백질이라고 불린다.

선언적 기억(Declarative memory) 사실과 사건에 대한 의식적인 회상으로, 외현적 기억(Explicit memory)이라고도 불린다.

수상돌기(Dendrite) 신경세포의 가지로, 다른 세포에서 정보를 받아들인다.

도파민(Dopamine) 뇌의 내부보상 체계에서 작용하는 '쾌' 신경전달 물질.

일화적 기억(Episodic memory) 무엇이 일어나고 언제 일어났느냐에 대한 의식되는 기억으로, 종종 '자서전적인 기억(autobiographical memory)'이라고도 한다.

전두엽(Frontal lobe) 가장 최근에 진화한 뇌부위로서, 의식적인 계획, 문제해결, 그리고 정서통제에 사용된다.

글루타메이트(Glutamate) 뇌세포 사이에 분비되는 신경전달 물질의 한 종류로, 학습과 기억통로를 만드는 데서 중요한 역할을 하는 신경전달 물질이다.

회백질(Gray matter) 피질을 보라.

습관화(Habituation) 위협적이지 않은 자극이 반복해서 일어나는 것을 뇌가 무시하는 것을 학습하는 무의식적인 학습형태.

변연계(Limbic system) 정서, 기억, 그리고 주의에서 중요한 역할을 하는 일단의 뇌 구조물들.

왼쪽 대뇌반구를 내부에서 본 것

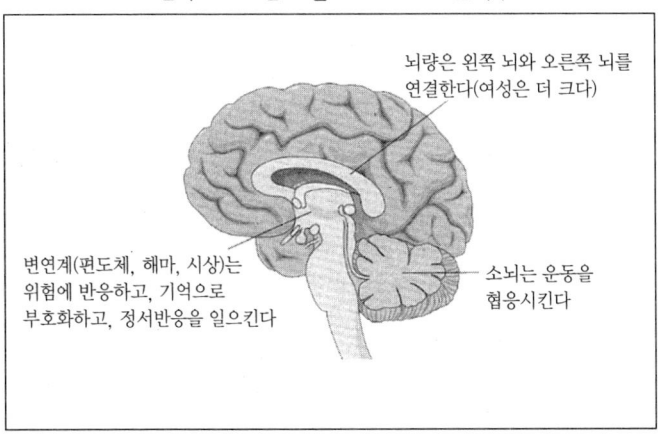

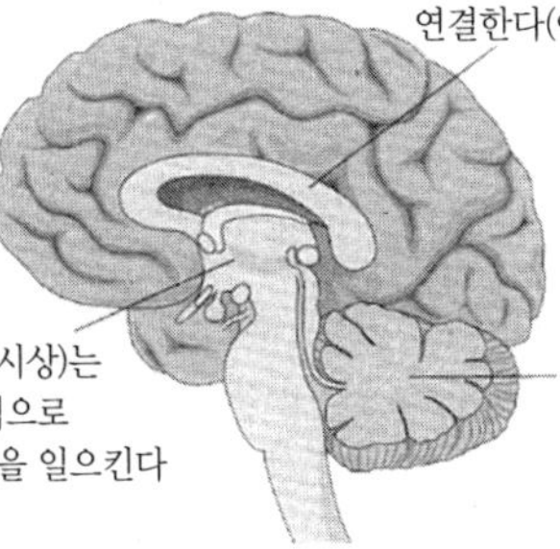
뇌량은 왼쪽 뇌와 오른쪽 뇌를 연결한다(여성은 더 크다)
변연계(편도체, 해마, 시상)는 위험에 반응하고, 기억으로 부호화하고, 정서반응을 일으킨다
소뇌는 운동을 협응시킨다

장기상승(Long-term potentiation) 학습과 기억의 기저에 있는 과정으로, 하나의 뇌세포가 이웃한 세포에서 오는 자극에 민감하게 되는 과정.

수초(Myelin) 뇌세포의 축색을 둘러싸고 있는 절연물질.

신경생성(Neurogenesis) 새로운 뇌세포의 생성.

뉴런(Neuron) 신경세포, 즉 신경계에 있는 세포. 종종 뇌세포라고도 불린다.

신경전달 물질(Neurotransmitter) 뇌세포가 다른 세포와 의사소통하기 위해서 사용하는 화학 메시지.

비선언적 기억(Nondeclarative memory) 의식하지 못하면서 행동에 영향을 주는 무의식적인 기억과 학습의 형태. 내현적 기억(implicit memory)이라고도 부른다.

점화(Priming) 역치 아래의 기억형태로서, 하나의 정보조각이 다른 것을 회상하는데 단서가 될 수 있다.

절차기억(Procedural memory) 어떻게 자전거를 타는가 또는 자신의 이름을 사인하는가와 같은 기술과 습관에 대한 자동적인 기억. '근육기억(muscle memory)'이라고도 한다.

세로토닌(Seortonin) 기분과 연관되어 있으며, '좋은 기분을 느끼게 하는' 신경전달 물질. 이는 프로작(Prozac)과 같은 항우울제에 의해서 상승한다.

역치하(Subliminal) 의식수준 아래에 있는 것.

시냅스(Synapse) 뇌세포들 사이에 있는 간격으로, 그 사이에서 신경전달 물질이라는 화학물질이 메시지를 전달한다.

백질(White matter) 피질 아래에 있는 뇌의 부분으로, 대부분 수초에 싸인 뇌세포의 축색으로 이루어져 있다.

작업기억(Working memory) 정보를 지금 당장 유지하는 단기기억으로, 문제를 해결하기 위하여 이를 사용한다.

차 례

* 뇌에 투자하라

대학생 시절부터 은퇴할 때까지

뇌에 투자하라

대학생시절부터 은퇴할 때까지

SELF TEST 주의집중

아래에 있는 연습은 로이얼 다치 에어 포스(Royal Dutch Air Force)에서 전투비행기 조종사의 주의집중 능력을 검사하고 증가시키기 위해서, 그리고 조종사의 주의폭(attention span)을 늘리기 위해서 발달시킨 것이다. 아래에 있는 것을 보기 전에 스스로 시간을 잴 준비를 하라. 준비가 되면 타이머를 작동시켜라. 15초 동안 아래에 있는 숫자와 문자에서 '4' 와 'g' 가 몇 개 있는지 세어라. 만약 15초 동안 '4' 와 'g' 를 발견할 수 없다면 다시 시도하라. 그러나 이번에는 'c' 와 '5' 를 찾아라. 시간은 마찬가지로 15초 동안이다. 이것을 반복하라. 반복할 때마다 숫자와 문자를 다른 것으로 해서 찾아봐라. 할 때마다 단지 15초 동안만 찾도록 한다. 해답을 알기 위해서는 32쪽을 보라.

a 7 3 d g t p 9 6 2 x d e o
d g v c d w 3 6 7 9 w d z x
x c k l p o u t e e 4 c v b
p h 4 f d s a q w 6. r t y u
4 d e r g f r t y u i c s w
3 s w e d 3 5 h t c e 3 c d
e w q d c 5 6 o I r d w 2
j g e 2 3 7 b f d f g h y
n m s w e r u i o 5 3 4 4 d
i 7 o e r t y u i w s q x d

주의 집중하기

주의집중은 학습에, 특히 압력을 받을 때 중요하다

어떤 것은 우리의 주의를 끈다. 왜냐하면, 그것이 어두운 여름 하늘에 나타난 번개처럼 번쩍이는 것이거나 그 후 따라오는 천둥같은 것이기 때문이다. 그렇기 때문에 우리 뇌가 주의를 기울이는 것은 우리의 감각기관으로 들어오는 입력의 성질에 의해서 영향받는다고 생각하는 것은 합리적일 것이다.

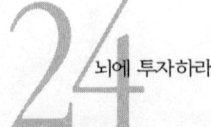

자동차열쇠 찾기

그러나 뇌는 결코 눈, 귀, 코, 혀나 촉각수용기가 뇌로 보내는 것을 그냥 수동적으로 받아들이지는 않는다. 이런 현상은 생존과 전혀 관련 없는 것, 예를 들면 자동차열쇠를 두었던 장소에서 그 열쇠를 발견하지 못할 때, 의식적으로 어디에 주의를 기울일 것인가 결정할 때 가장 분명하게 보인다.

뇌에서 전전두피질이나 두정피질과 같은 의사결정 뇌중추는 일차적으로 감각을 처리하는 뇌에게 무엇에 주의를 기울여야 하는지를 알린다. 이와 같이 '무엇에 정신을 바짝 차려야 한다는' 메시지는 시각자료의 의미를 처리하는 뇌에 변화를 일으킨다. 놀랍게도 그것은 또한 선의 각도, 곡선, 가장자리, 색과 같은 기본적인 시각입력을 조합하는, 원자료를 처리하는 뇌영역에도 변화를 일으킨다.

열쇠를 찾는 과정에서 시각피질은 눈에서 시각피질로 보내는 원래의 신경충동에 대한 해석을 변화시킬 것이다. 이는 그 뉴런들이 열쇠의 물리적 특성과 일치하는 자극에 반응해서 발화할 수 있게 변화시켜서 그렇게 한다. 이런 변화는 눈이 잃어버린 열쇠를 보기도 전에 시각피질에서 일어난다. 간단히 말해서 그 일을 담당하는 뉴런들이, 뇌의 의사결정 부분이 자신들에게 찾으라고 한 것과 일치하는 것이 있는가 찾으면서 들어오는 입력에 반응하여 발화하면서 일어난다. 이는 말 그대로 마음이 물질을 지배하는 과정이다.

> ❖ **요령 : 당신은 잃어버린 열쇠꾸러미를 찾기 전에 그것이 무엇처럼 보이는가를 정확하게 기억하고 있어야 한다.**

자동차열쇠를 발견하고 선택적 주의과정이 성공적으로 끝나게 되면 우리는 문을 나서서 자동차를 몰고 가게 된다. 그러나 선택적 주의과정이 항상 완벽하게 작용하지는 않는다. 왜냐하면, 많은 요인들이 그 작용을 방해할 수 있기 때문이다.

눈과 뇌의 연결

인간의 눈은 실제로는 전혀 '보는' 것이 아니다. 눈을 통과하는 전자 에너지의 스펙트럼 중 일부가 망막의 뒤에 있는 간상체와 추상체를 자극한다. 이 수용기들은 정보를 시상이라는 뇌구조물로 보낸다. 시상은 종종 '대뇌피질로 가는 입구' 라고 불리는데, 여기에서 정보를 일차시각 피질로 보내고 거기에서 다시 더욱 정교하게 처리하고 해석하기 위해서 피질의 다른 부분으로 정보를 보낸다. 시각피질은 시각입력을, 이미지를 구성하고 있는 빛, 어둠, 형태, 색, 그리고 질감의 패턴으로 해석하는 피질이다. 그리고 나서 그 피질은 그 자료들을 의미를 전달하고 기억할 수 있는 방법으로 재부호화한다. 색맹인 사람의 눈 또는 심지어 완전히 눈 먼 사람의 눈은 종종 완벽하게 기능한다. 기능하지 않는 것은 그들의 눈에서 온 자료들을 정상적으로 처리하고 해석하는 뇌의 영역들이다.

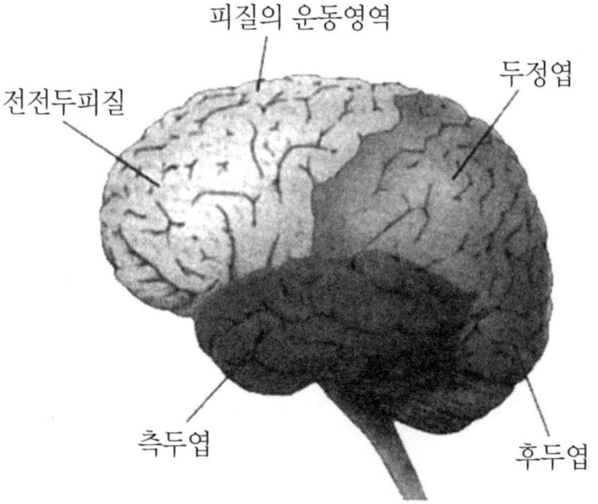

뇌의 피질에 있는 주요한 영역 및 부위를 나타낸다. 이 뇌는 왼쪽에서 본 것으로 오른쪽에도 똑같은 것이 있다. 시각정보의 부호화와 재부호화는 일차적으로 후두엽에서 일어난다. 다른 감각입력은 다른 영역에서 처리된다. 예를 들면, 소리는 주로 측두엽에서 처리된다.

주의를 분산시키는 영향력의 힘

당신이 방금 먹은 것, 전날 밤에 당신이 충분히 수면을 취했는가 그렇지 않은가가 선택적 주의과정을 방해할 수 있는 것 중 두 가지이다.('뇌 영양분' (117쪽)과 '중요한 작용을 하는 꿈' (169쪽)을 참고하라) 그러나 더욱 자주 주의를 방해하는 것은 주의산만이다. 자동차를 운전하면서 핸드폰을 사용하는 것에 관한 논쟁에 영향을 끼친 최근의 연구에서 일단의 영국 연구자들은, 뇌의 작업기억 능력이 가득 찼거나 뇌가 주의를 분산시키는 자극으로 과잉부하되면 어떤 중요한 과제에 주의를 집중하기 어렵다는 것을 발견했다.

작업기억은 문제를 해결하기 위해서 정보를 조작하면서 온라인으로 유지하는 뇌체계를 말한다.('방심함' (81쪽)을 참고하라) 계획세우기, 의사결정, 문제해결, 언어와 같은 많은 '고등' 능력은 작업기억에 의존한다. 그리고 이 놀랄 만한 기제는 우리가 머리 속으로 까다로운 문제를 풀고 있을 때, 예를 들면 암산으로 23 곱하기 57

을 할 때, 또는 한 번에 너무나 많은 것을 하려고 할 때 쉽게 가득 차게 된다.

영국에서 행한 위의 실험에서 연구자들은 실험 참가자들에게 동시에 다섯 개의 숫자를 기억하도록 하면서, 선택적 주의를 필요로 하는 과제를 행하도록 했다. 선택적 주의과제는 잘 알려진 사람의 직업을 알아맞히는 것인데, 그 사람의 이름은 얼굴사진과 함께 스크린에 잠깐 나타났다가 사라졌다. 스크린에 나타난 얼굴은 때때로 그 이름과 일치했지만 또 어떤 때는 일치하지 않았다. 그래서 올바르게 알아맞추기 위해서 실험참가자들은 스크린에 나타나는 얼굴을 무시하고 단지 이름에만 주의를 기울여야 했다.

참가자들이 동시에 기억해야 할 숫자가 0-1-2-3-4와 같이 단순한 것이면 얼굴자극을 쉽게 무시하고 이름에 주의를 기울일 수 있다. 그러나 참가자들이 그 과제를 하면서 4-0-1-3-2와 같이 무작위적인 일련의 숫자를 기억해야 할 때에는, 이는 작업기억에 더 무거운 짐이 되어 그 과제를 수행하기가 훨씬 더 어렵게 된다. 이름만으로 그 직업을 알아 맞추는 것보다 종종 두 배 정도의 긴 시간이 필요했다.

일치시키는 활동은 어디에서 일어나는가?

실험참가자들의 뇌를 *f*MRI 영상주사기법으로 연구한 결과, 작업기억 과제가 어려울수록 전전두엽의 피질이 더 많이 관여하는 것이 밝혀졌다. 전전두피질은 작업기억에 가장 많이 관련되는 뇌영역들이 있는 부위이기 때문에 그런 결과가 나오리라고 기대된다. 그러나 그 영상주사기법의 결과, 참가자들이 더 어려운 작업기억 과제에 열중할 때 — 즉, 무작위로 된 일련의 숫자를 기억해야 하는 경우 — 두정엽피질에 있는 얼굴을 처리하는 영역이 활동적으로 나타났다. 다시 말하면, 비록 그 참가자들에게 스크린에 비춰지는 얼굴을 무시하라고 분명히 말했지만 그들의 뇌가 어려운 작업기억 과제로 짐을 많이 지고 있을 때에는 그런 지시를 따를 수 없었다.

주의집중에 주의를 집중하기

작업기억과 선택적 주의에 관한 연구는 대체로 뇌에 있는 의식적 의사결정 시스템이 감각기관에서 정보를 받아들이는 뇌구조물들을 엄격히 통제한다는 것을 나타낸다. 그리고 작업기억은 장기기억으로 들어가는 문지기 역할을 하기 때문에, 뇌가 주의를 집중할 때 모든 학습은 증진된다. 사실, 기억이 나쁘다고 불평하는 가장 흔한 이유 중 하나는, 뇌가 들어오는 자료에 정신을 바짝 차리지 못하는 데 있다. 다시 말해서 만약 뇌가 일차적으로 주목하지 않는다면 뇌는 후에 그것을 회상할 수 없다. 번개같은 것이 아니라 좀더 섬세한 것에 뇌가 정신을 바짝 차리도록 할 필요가 있는 이유는 뇌가 모든 것에 주의를 기울이지는 않게 고안되었기 때문이다. 그렇게 되지 않았다면 뇌는 신체의 이용 가능한 에너지 중 너무나 많은 것을 고갈시켜 모든 시스템이 작용하지 못하게 될 것이다.

실제적인 충고

주의집중을 필요로 하는 과제를 수행하는 동안, 가능한 한 주위에 있는 것이 주의를 산만하지 않게 하는 것이 대단히 중요하다. 어떤 말이나 그와 비슷한 소리는 자동적으로 작업기억에 접근하여 작업기억을 점유하기 때문에, 어떤 과제에 정신을 집중할 때에는 TV를 끄는 것이 좋다. 만약 음악이 배경에서 들린다면 악기로 연주되는 음악이 성악보다는 주의를 덜 산만하게 만든다. 작업기억은 성인기 초기에 쇠퇴하기 시작한다. 그래서 이런 비결은 시간이 지나가면서 더욱 더 중요하게 된다.

22쪽에 있는 SELF TEST에 대한 답

4가 다섯 개, g가 다섯 개 있다.
c가 일곱 개, 5가 세 개 있다.

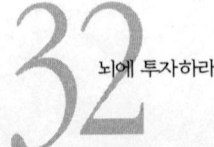

쉬운 방법으로 학습하기

약간의 정서, 감정은 학습에 도움이 된다

당신은 영국 다이애나 비가 자동차사고로 죽었다는 소식을 들었을 때 어디에 있었는가를 기억하는가? 오클라호마 시에 있는 연방정부의 건물이 폭파됐다는 뉴스를 들었을 때에는 어디에 있었는가? 또는 우주

선 챌린지호가 폭파했을 때는? 또는 좀더 개인적인 수준에서 당신 어머니가 돌아가셨을 때, 또는 당신이 처음으로 사랑에 빠졌을 때, 또는 당신이 처음으로 교통위반 딱지를 받았을 때 어디에 있었는가를 기억하는가?

중요한 역할을 하는 정서

경험을 잊을 수 없는 장기기억으로 만드는 데 결정적으로 관련되는 공통된 요소는 정서, 즉 감정이다. 진화는 뇌가 생존에 필수적인 것으로 지각하는 사건에 강한 정서적 반응을 일으켜서 알아채도록 설계했다. 생존은 뇌의 최고 우선순위에 들기 때문에 그런 사건은 이미 구축된 기제를 자극하여 뇌가 그것을 결코 잊을 수 없게 만든다.

신경과학자들은 이 기억기제의 결정적 뇌구조물이 뇌 안 깊숙이 자리잡고 있는 작은 아몬드 모양을 한 구조물인 편도체amygdala라는 것을 알아내었다. 편도체는 뇌의 진화상 오래된 정서중추인 변연계limbic system의 일부이다. 이 구조물은 다른 동물과 공유하는 다양한 무의식적 학습형태에서 중요한 역할을 한다.

아이고, 아야!

무의식적 학습의 한 가지 형태는 조건화conditioning이다. 이 학습형태는 실험용쥐로 연구가 많이 되었는데, 쥐에게 중립자극(예를 들면, 소리)을 불쾌한 자극(예를 들면, 전기쇼크)과 함께 제시한다. 쥐는 그 소리가 전기쇼크와 함께 나오지 않고 그 소리만 들리더라도 그 소리에 공포를 느끼는 것을 재빨리 학습한다. 이런 종류의 학습은 완전히 무의식적이고 자동적이다. 우리 인간이 그런 학습을 일단 하고 나면 논리적인 분석으로 그 학습을 없애기는 어렵다. 왜냐하면, 그 학습은 뇌의 '더 고등한' 사고하는 영역과는 독립적으로 일어나기 때문이다. 그래서 그 학습은 의식이 되기 어렵고 논리적인 마음이 통제하기도 어렵다. 이것은 공포증을 치료하기가 왜 그렇게도 어려운가에 대한 이유가 된다.

편도체는 해마(인간의 선언적 기억 시스템에 결정적인 뇌구조물)와, 기저핵(basal ganglia; 새로운 기술과 습관을 학습하는 뇌 시스템의 중추적인 부분)과 의사소통하면서 그 구조물들이 입력자료를 신중하게 다루도록 자극한다. 어떤 실험에서 과학자들은 편도체 안으로 직접 향정신성약물인 암페타민amphetamine을 주입하여 실험동물이 더 빠르게 학습하게 했다. 그와는 역으로, 해마나 기저핵에 리도카인(역자 주: 국소마취제)을 주입한 것은 편도체에 암페타민을 주입한 학습-촉진 효과를 차단하였다.

이것은 단지 나쁜 느낌에만 해당되는 것이 아니다

편도체가 학습하는 것을 도와주는 것은, 공포나 몸의 어떤 느낌과 같은 무의식적인 '원시적인' 지식의 종류에만 한정되는 것이 아니다. 편도체는 사실이나 사건에 대한 외현적 기억도 도울 수 있다. 그것은 왜 오클라호마 시 폭파에 대한 뉴스가 그 날 있었던 다른 뉴스보다 대부분의 사람들의 장기기억에 더 잘 확립되었는가에 대한 이유가 된다.

정서에 의해서 기억이 향상되는 것이 중대한 사건에만 해당되는 것은 아니다. 사람들이 정서를 일으키는 이야기를, 길이와 복잡성은 똑같지만 정서적인 내용이 거의 없는 이야기보다 잘 기억한다는 것을 여러 연구에서 나타내었다.

정서가 특히 생생하거나 강할 필요도 없다. PET 주사연구는 우리 자신이 정서적으로 각성되었다는 것을 의식하지 못하더라도 정서적인 색채가 있는 자료에 대해서 기억을 잘 하게 하는 데 편도체가 중요한 역할을 한다는 것을 나타내었다(이 규칙에 대한 예외는 편도체가 손상된 사람이다. 그런 사람들은 중립적인 이야기보다 정서적인 이야기를 더 잘 기억하지는 않았다).

뇌가 위험에 대해서 공포를 느낄 때 뇌는 당신이 위험을 알기도 전에 반응한다. 그리고 그것을 결코 잊지 않는다

뇌는 어떻게 인생의 의미있는 사건들에 대한 기억을 형성하는가 – 특히 외상적인 기억이 어떻게 형성되고, 저장되고, 인출되는가?

뇌에는 여러 개의 기억 시스템이 있다. 그리고 각각의 시스템은 각기 다른 종류의 기억기능을 담당한다('기억은 여러 가지' (65쪽)를 보라). 외상적 기억에 대해서 두 가지 시스템이 특히 중요하다. 만약 당신이 어떤 사건이 일어난 장면에 되돌아간다면 당신은 그 사건을 기억할 것이다. 당신이 어디로 가고 있었는지, 당신이 누구와 함께 있었는지, 그리고 그 경험의 다른 세세한 것들이 기억에 떠오를 것이다. 이러한 것은 외현적(의식적) 기억이다. 또한 당신의 혈압은 높아지고 심장박동률이 빨라지고 아마도 땀이 나기 시작하고 그리고 당신의 근육이 뻣뻣해 질 것이다. 이런 것은 내현적(무의식적) 기억이다.

위협적인 자극에 대해 뇌가 반응하는 데에는 외부세상에 대한 정보를 편도체로 보내는 신경회로가 포함된다. 이 시스템은 위협적인 자극이 될 수 있는 그런 자극의 의미성을 결정하고 그리고 나서 얼어붙거나 도망가는 것과 같은 정서반응을 일으킨다. 공룡이 이 지구를 지배하기 전부터 진화는 유기체가 위험한 상황에서 계속 살아남을 수 있는 반응을 일으키도록 뇌의 신경회로를 만들었다. 그 해결책이 너무나 효과적이어서 그것은 나타난 이래로 변하지 않았다. (물론 만약 이 편도체로 야기되는 시스템이 잘 작동하지 않았다면 그런 생물체의 자손은 살아남아서 이것을 논의하지도 못했을 것이다.) 이것은 쥐나 인간, 새, 그리고 파충류에게 동일하게 작용한다.

학생들이 실제적인 적용을 할 수 있게

경험을 장기기억으로 전환시키는 데 정서가 도움이 되기 때문에, 정서가(감정이) 일어나도록 하는 교수기법과 학습 스타일이 효과적이다. 예를 들면, 수업의 마지막에 가서 당신이 수업시간에 배운 것에 대해 반의 다른 학생들과 토론하면서 공부한 것을 개괄해 본다면, 단지 주입식으로 공부만 한 것보다 더 오래 기억할 수 있다. 논쟁을 하면 단지 지적으로 뿐 아니라 정서적으로도 개입하게 되고 그래서 그 수업에서 한 공부가 더욱 더 확고하게 장기기억에 자리잡게 될 것이다. 만약 우리가 주입식으로 공부한다면 공부하는 시간을 쪼개어 휴식기간이 있게 하라. 그리고 가능하다면 공부한 후 밤에 잘 자도록 한다. 이것은 단지 엄마가 하는 그런 충고가 아니다. 그것은 확고한 신경과학적 연구에 기초한 것이다.

41

당신 마음속에 있는 귀의 능력은 얼마나 되나?

아래에 있는 세 개 숫자를 소리내어 읽어보든지 마음속으로 읽든지 한 후, 다른 곳을 보고난 후 당신은 그 숫자들을 정확하게 반복할 수 있을 것이다.

3-7-6

다음, 숫자 4개로 시도해 보라.

3-7-6-8

그리고 나서는 숫자 5개로.

3-7-6-8-5

그리고는 숫자 6개로.

3-7-6-9-5-2

다음은 숫자 7개로.

3-7-6-8-5-2-4

그리고 8개로.

3-7-6-8-5-2-4-6

실수한 것이 있는가?

마음의 귀를 사용하여

집행적인 기능의 다용도 도구–놀랄 만한 음성학적 고리

나의 상관이 나에게 소개한 고객의 이름이 무엇이었지? 그 경찰이 첫번째 교차로에서 왼쪽으로 돌라고 말했나 아니면 오른쪽으로 돌라고 말했나? 숙모 마사가 포도 주스를 달라고 했나 토마토 주스를 달라고 했나? 다시 말하면, 왜 그렇게도 많은 것들이 나의 단기기억에서 빠져나가는 것처럼 보이지?

심리학자들은 우리의 단기적인 '마음의 귀' 기제를 음성학적 고리phonological loop라고 부른다. 이 기제는 우리의 뇌가 우리가 듣거나 읽는 것을 놓치지 않고 따라가고 기억하기 위해서 가지고 있는 가장 중요한 도구 중 하나이다. 그것이 어떻게 작용하고 그것의 한계는 무엇인가를 이해하면 그것을 더욱 효과적으로 사용할 수 있다.

40년 전에 출판된 한 영향력있는 논문에서 프린스턴Princeton 대학의 심리학자 조지 밀러George A. Miller는 우리의 단기기억 용량이 약 7개 정보조각bits에 한정된다고 제안하였다. 이 조각들은 단일한 숫자, 문자 또는 숫자와 문자로 된 청크(chunks, 덩어리란 뜻)로 구성될 수 있다. 우연히도 전화번호는 일곱 개의 숫자로 되어 있다. 그것이 이런 방법으로 계획된 것이건 아니건 간에 그것은 우리가 전화번호부에서 본 숫자를 다이얼로 다 돌리기에 충분할 정도로 머리에서 그 숫자를 기억할 수 있다는 것을 의미한다.

만약 당신이 7개 정보조각보다도 더 많은 것을

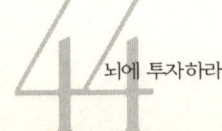

다룰 수 있다고 생각한다면 이 책의 42쪽의 박스에 있는 테스트를 시도해 보라.(심리학자들은 이것을 즉각적인 숫자폭 검사(immediate digit span test)라고 한다) 이런 종류의 검사에서 대부분의 사람들이 최고로 기억할 수 있는 한계는 6개 내지 7개 숫자인 것으로 나타났다. 그러나 우리가 기억할 수 있는 숫자의 개수를 증가시킬 수 있는 방법이 있다. 그 중 하나는 하나 하나의 숫자를 두 개의 숫자로 묶는 방법이다. 즉, 청킹chunking하는 것이다. 대부분의 사람들은 두 자리 숫자 4개를, 예를 들면 37－68－52－46을 한 자리 숫자 8개로 된 것, 즉 3－7－6－8－5－2－4－6을 되풀이하는 것보다 더 쉽다고 말한다. 사실 우리는 지역번호와 7자리 전화번호를 기억해야 할 때 이런 종류의 청킹을 일상적으로, 그리고 자동적으로 하고 있다. 그렇기 때문에 (510) 434－9523(5－1－0－4－3－4－9－5－2－3)은 5－10－4－3－4－95－23이 된다.

더욱 최근에 행한 연구에서, 인간이 단기적인 청각기억 저장고에 가지고 있을 수 있는 항목의 숫자가 제한되는 것에는 단지 청크의 숫자뿐 아니라, 그것을 발음하는 데 얼마나 오래 걸리는가 하는 시간도 중요하다는 것을 나타내고 있다. 그렇기 때문에 친숙한 단어는 한 개의 단일한 청크로 만들 수 있다. 그러나 여러 개의 음절로 된 7개 단어보다 한 음절로 된 7개 단어를 기억하기가 더 쉽다. 그 이유는 우리가 이런 종류의 기억을 하기 위해서는 음성학적 고리의 단기저장고에 의존하고 또 소리는 음성학적 고리의 저장고에 단지 짧은 기간 동안, 약 2, 3초 동안만 존재한다는 사실과 관련된다.

물론 우리의 음성학적 고리에 있는 정보가 실제로 2초 정도 지난 후에 소멸된다면, 우리는 2초 정도 걸리는 일련의 긴 숫자를 듣고 반복하려고 할 때는 첫번째 항목도 이미 잊어버릴 것으로 생각할 것이다. 그러나 사실은 그런 일이 일어나지 않는다. 왜 그럴까?

그 대답은 우리가 전화기를 들고 다이얼을 돌리는 데 10초 걸린다고 할 때 우리가 전화번호를 머리 속에 계속해서 유지할 수 있는 이유와 동일하다. 비록 소리에 대한 일시적인 저장 시스템이 2초 정도 지나면 희미해지는 기억흔적을 가진다 하더라도, 그 기억흔적은 그것을 소리내어 반복하든지 또는 머리 속으로 반복함으로써, 즉 시연(암송)함으로써 다시 새롭게 될 수 있다.

시연 시스템rehearsal system은 음성학적 고리의 두 번째 요소로, 음성학적 저장고와 함께 음성학적 고리를 형성한다. 이 두 요소는 함께 작용하여 정보를 온라인 상에 머물도록 한다. 그러나 그 두 요소는 실제로 뇌의 왼쪽반구의 서로 다른 부분에 위치해 있다.

최신효과

아래에 있는 목록을 한번 읽어 보라. 또는 어떤 사람에게 그것을 당신에게 읽어달라고 부탁해라. 그리고는 순서에 신경쓰지 말고 회상할 수 있는 단어를 기억해 보라. 당신은 그 목록의 시작부위에 있는 것보다 끝에 나온 단어들을 더 많이 기억했는가?

짐차	얼룩말	유리병	타조	촛불
페인트	파파야	컴퓨터	레몬	오토바이
튤립	연필	호박	샤워	팔목시계

작업기억과 마음의 귀

음성학적 고리는 뇌의 '집행' 기능의 한 요소인 작업기억이 사용하는 도구 중 하나이다. 우리가 문제를 풀거나 어떤 과제를 완성하려고 정보를 사용하기 위해서 우리는 방금 들은 것을 종종 '재생하고' 자동적으로 소리로 전환시킨다. 아래에 있는 문장을 예로 들어 보자.

그 버스 운전사는 그 빨간 트럭 보고 계속 가라고 몸짓으로 알렸다. 그 빨간 트럭은 왼쪽으로 돌아 세번째 자동차길에 멈추었다. 그리고 두 번 경적을 울렸다.

이와 같은 문장의 의미를 따라가기 위해서, 그 문장에 있는 정보에 기초해서 질문에 대답하기 위해서는("그 트럭이 어느 방향으로 돌았지?") 단기기억에 있는 각 단어들을 충분히 오래 유지하여 모든 정보조각들을 한데 묶고, 필요하다면 그것을 다시 생각하면서 적절히 해석할 수 있어야 한다.

청킹과 단기기억

아래에 있는 문자열을 한번 읽어 보라.

cianbcwwfsatnaacp

당신은 얼마나 많은 것을 기억할 수 있었는가?

이제, 그 문자열들이 친숙한 글자처럼 구성된 것에 주목해 보라.

cia, nbc, wwf, sat, naacp

이제 당신은 얼마나 많은 것을 기억할 수 있나?

역기능적인 음성학적 고리들

잘 기능하지 못하는 음성학적인 고리를 가지고 있더라도 일상적인 회화는 어려움없이 할 수 있다. 왜냐하면 사람들이 일상회화에서 말하는 것 대부분은 구조적으로 복잡하지 않기 때문이다. 말하는 사람은 분석하기 어려운 구조를 피하는 경향이 있다. 이는 그런 구조로 부호화한 것을 해독하기 어렵기 때문만이 아니다. 그와 같은 구조를 구성하기도 어려워서 듣는 사람뿐만 아니라 말하는 사람의 언어용량에도 그런 구조는 짐이 되기 때문이다. 반면 잘 기능하지 못하는 음성학적 고리는 더욱 심각한 다른 장애의 원인이 될 수 있다.

읽기장애dyslexia로 진단되는 많은 어린이들은 음성학적 고리의 기제를 잘 사용하지 못한다. 그래서 그런 아동들은 단어를 구성요소로 된 소리로 분석하거나 소리를 글자로 적절히 전환시키는 것을 학습할 수 없다. 'flimble'과 'slex'와 같은 가짜단어를 반복하라고 했을 때 어려움이 있는 어린 아동들은 어휘력점수가 낮은 경향이 있고, 그 애들은 자라더라도 같은 또래에 비해서 계속 어휘력이 낮다. 그렇기 때문에 가짜단어를 반복하게 했을 때 잘 하지 못하는 것은 앞으로 생길 어려움을 잘 나타내는 지표역할을 할 수 있다. 그 어린이들은 어휘를 습득하고 외국어를 학습하는 경우에 어려움을 겪을 수 있다. 이것은 읽기장애가 있는지 알아보는 간단한 검사로 사용될 수 있다.

음성학적 고리의 용량은 단순히 연습에 의해서

증가될 수 있는 것은 아니다. 어떤 숫자열을 한 달 동안 날마다 반복한다고 해서 그런 것을 더 잘 할 수 있지는 않을 것이다. 당신이 단지 음성학적 고리에만 의존한다면 그 실력은 향상되지 않을 것이다. 비록 음성학적 고리가 작업기억 시스템에서 결정적인 역할을 한다 하더라도 음성학적 고리에는 본래부터 한계가 있다. 더욱이 어떤 것을 그 소리로 기억하거나 분석하는 것은 정보처리의 세 단계에서 단지 첫번째 단계이다. 그러나 음성학적 고리가 없다면 다음 단계의 학습과 기억은 훨씬 더 어려울 것이다. 비록 불가능하지는 않다 하더라도 훨씬 더 어렵다.

읽기장애에 대한 새로운 치료

읽기장애에서 음성학적 고리의 결함은 언어의 청각적 흐름을 그 구성단위로 분할하는 것보다 더 일반적인 장애로 일어날 것이라고 최근의 연구에서 나타나고 있다. 언어학습장애를 가진 어린이들은, 특히 (말과 같은) 청각적 자극뿐 아니라 (일련의 시각적 상징을 컴퓨터 스크린에 재빨리 제시하는 것과 같은) 시각적 자극에서도 빠른 변화가 있으면 이를 탐지하고 계속 따라가는 데 어려움을 겪는다. 다른 말로 표현하면, 언어에 특정적인 인지결함을 가지고 있다기보다는 감각을 처리하는 데 결함을 가지고 있다. 그 결함으로 그들은 언어를 배우는 데 또 읽기와 쓰기와 같은 언어에 기초를 둔 기술을 배우는 데 어려움을 겪는다.

감각처리에 결함이 있다고 했을 때, 결함의 원인은 무엇인가? 대단히 최근에 이루어진 구조에 대한 조사와 뇌영상 연구로, 읽기장애를 가진 사람들은 언어를 처리하는 데 사용되는 왼쪽 대뇌반구의 뇌영역에 있는 뉴런에 수초화가 덜 되었다는 것이 나타났다.

수초(myelin)는 뇌세포에서 정보를 전달하는 부분인 축색에 있는 절연체이다. 수초화가 덜 되었다는 것은 축색을 따라

가는 전기충동의 전달이 늦다는 것을 의미한다. 그리고 이는 재빨리 변하는 감각신호들을 정보처리하는 데 어려움을 일으키게 된다. 그러면 이는 다시 언어를 처리하는 데 어려움을 일으킨다.

뇌과학을 교실학습과 교수에 적용하는 한 예가 교과서에 실려있다. 그 예를 보면, 연구자들은 언어학습장애를 가진 어린이들의 능력을 극적으로 증진시키는 한 가지 방법을 발견했다. 언어학습장애를 가진 어린이들은 단지 몇 주일 동안 훈련받은 후, 청각적 언어이해 검사에서 같은 또래의 다른 어린이 정도로 또는 그 이상으로 잘 수행할 수 있었다. 그 기법에서는 우선 합성한 말의 흐름을 그 어린이들이 적절히 분할하는 데 어려움이 없을 정도로 천천히 들려준다. 그리고 나서 3, 4주에 걸쳐서 여러 번 하는 훈련기간 동안에 그 테이프의 속도를 점점 증가시켜 정상적인 속도가 되게 한다. 이런 방법으로 실제적으로 뇌의 배선을 변화시킬 수 있는 방법을 사용하여, 들어오는 소리의 흐름에 대한 어린이들의 민감성을 극도로 증진시킨다. 이렇게 하면 읽고 쓰는 것도 향상시키는 길을 열어주게 된다.

TECH

장기기억

왜 반복하는 것, 암송, 연습이 그렇게도 효과가 좋은가

단기기억의 문제는 그것이 단기적이라는 데 있다. 작업기억의 구성요소인 음성학적 고리는 무언가를 우리의 '마음의 귀'에 단지 몇 초 간 간직할 수 있다. 우리는 전화번호의 다이얼을 돌리자마자 그것을 잊어버린다. 왜냐하면, 우리는 그것을 우리의 마음속에서 반복하는 것을 중단하기 때문이다. 만약 당신이 그 번호를 더 오랫동안 파지하기를 원한다면 당신은 그 이상을 해야 한다.

전화번호와 같은 정보를 마음의 귀에서 장기기억으로 전환시키는 방법 중 한 가지는 계속해서 그 정보에 되돌아가는 것이다.(마치 친한 친구의 전화번호를 마침내는 기억하게 되는 것처럼) 지식을 장기기억에 굳히기 위해서 반복하는 능력은, (사실과 사건에 대한 기억과 같은) 선언적declarative 기억에만 작용하는 것이 아니라 컴퓨터 마우스를 사용하는 방법 또는 운전하는 동안 핸드폰의 다이얼을 돌리는 방법과 같은 기술에 대한 절차기억procedural memory에도 해당된다.

더욱이 가장 최근에 이루어진 연구에 의하면 우리 뇌가 낮 동안에 특별히 주의를 기울인 정보의 조각들은 우리가 잠자는 밤에도 되풀이될 것이다. 그래서 지식이나 기술을 '생생하게' 반복하는 것 이외에도 우리의 뇌는 오프라인에서도 암기한다. 이는 잠을 안자는 것을 피하는 좋은 이유이다('중요한 작용을 하는 꿈' (169쪽)을 보라).

연습하는 것이 완벽하게 만든다

신경과학자들은 최근에야 뇌가 어떻게 매초마다 쏟아져 들어오는 대부분의 자료들을 망각하게 하고 그러면서도 우리가 연습하고 암기하는 것은 기억하게 하는가를 알아내었다.(60쪽에 있는 박스를 보라) 그러나 장기기억에 지식을 응고화시키는 것은 그 지식을 영원히 거기에 있게 보장하는 것은 아니라는 점을 명심할 필요가 있다. 만약 날마다 동일한 전화번호로 다이얼을 돌린다면 그것은 당분간 기억될 것이다. 그러나 얼마간 그 전화번호로 걸지 않으면 우리는 다시 전화번호부나 수첩을 보아야 할 것이다.

당신이 시험에 합격하는 것에 대해 걱정한다면 주입식으로 공부하는 것은 좋은 방법이 될 것이다. 그러나 당신이 그 지식을 일 년이 지나서도 회상하길 원한다면 그렇게 하는 것은 별 도움이 되지 못한다. 대부분의 사실적 지식을 기억하기 위해서 우리는 그것의 세부적인 것을 스스로 기억하고 그것을 계속해서 사용해야 한다.

❖ 요약 : 단기기억 흔적은 반복, 암기나 연습에 의해서 유지되지 않는 한 재빨리 사라진다. 정보를 반복함으로써 우리는 그것을 우리의 장기기억 저장고에 전환시킬 수 있다. 비록 그것이 PIN이나 자

물쇠번호와 같이 임의적인 것이라도 그렇다. 기억 과정을 돕고 그래서 학습곡선을 가파르게 만들 수 있게 도울 수 있는 어떤 방법이 있는가? 그 대답은 "있다."이다. 그러나 이와 관련해서 기억해야 할 중요한 점은 기억이 카메라나 테이프 리코더처럼 작용하지는 않는다는 점이다. 우리의 뇌가 정보를 단지 수동적으로 받아들인다고 생각하면 이는 잘못된 것이다. 기억연구가인 알랜 배들리(Alan Baddeley)가 말한 것처럼 인간학습의 중요한 특징은, 학습이 조직화(organization)에 달려있다는 점이다.

조직화 되게 한다

조직화는 여러 수준에서 작용한다. 우선, 당신은 어떤 새로운 정보를 더 큰 지식기초에 통합시키지 않고, 그 새 정보만 기억하기 위해서 그 정보를 조직화할 수 있다. 많은 기억술은 그렇게 작용한다. 당신이 공항에서

차를 주차한 장소번호인 C-2를 기억하기 위해서 친구와 함께 수화물 찾는 곳에서 돌아오는 자신을 상상할 수 있다. 그리고 그 친구가 "I **see** it, **too**"라고 말하는 것을 상상해 볼 수 있다. 이것은 상황에 특정적으로 사용하는 책략이다. 그것은 그 정보를 의미있는 것으로 조직하여, 당신이 당신차로 갈 때까지 기억할 수 있을 정도로 그것을 충분히 오래 기억할 수 있게 만들 것이다.

그러나 당신이 정보를 영구적으로 기억하길 원한다면 그 정보를 당신의 장기기억에 이미 들어있는 것과 관련시키는 것이 도움이 될 것이다. 정보를 주입식으로 집어넣기보다는 수업시간에 다룬 내용을 반친구들과 함께 깊게 논의하고 토론해라. 이런 경험을 하면 당신은 시험을 통과한 후에도 그 내용을 오래 기억할 수 있다. 토론의 정서적 요소 또한 당신이 그 내용을 더 오래 기억할 수 있게 만든다.

기억을 증진시키는 알약

사실인가 지어낸 이야기인가

노벨상을 탄 신경생물학자 에릭 켄덜(Eric Kandal) 등이 최근에 한 연구에서, 단기기억을 장기기억으로 변화시키는 일련의 사건에서 중요한 요소로 CREB이라고 불리는 분자를 확인했다. 세포수준에서 단기기억과 장기기억의 기본적인 차이를 보면, 장기기억에서는 새로운 시냅스가 성장한다. 시냅스는 뇌세포 사이에서 의사소통하는 지점이다. 그와 대조적으로 단기기억이 일어날 때에는 단지 이미 있는 시냅스의 민감성이 일시적으로 변한다. 새로운 시냅스가 자라기 위해서는 뇌가 이 새로운 학습과 기억의 통로를 만드는 단백질을 만드는 유전자를 켜야 한다. CREB은 그런 유전자들이 활동하게 자극하는 분자이다.

그러나 무엇이, 어떤 경험만이 이 분자연쇄를 켠다는 사실을 설명하는가? CREB에는 CREB-2라고 불리는 대응물(counterpart)이 있는데, CREB-2는 단백질합성과 새로운 시냅스의 생성을 차단한다. 정상적으로는 새로운 사실이나 경험을 한 번만 접하게 되면 CREB-2 수준이 CREB 수준보다 약간 더 높아지고 그래서 새로운 시냅스 생성이 차단된다.

뇌는 이런 기제를 두 가지 이유로 발달시켰다. 당신의 인생에서 매 초마다 일어나서 우리의 감각계를 스쳐 지나가는 모든 것을 세세하게 기억하는 것은 이롭지 않을 것이다. 당신의 감각기관이 잡는 것 대부분은 중요하지 않은 것이다. 당신이 이 문장을 읽고 있는 동안 당신이 앉아 있는 곳의 창문 밖으로 방금 쓰레기 트럭이 지나갔다는 사실을 일생 동안 기억하고 싶지는 않을 것이다(강한 정서 반응을 일으키는 경험은 이 규칙에서 예외가 된다. 만약 그 쓰레기트럭이 당신 창문을 넘고 거실까지 들어왔다면 그 경험은 틀림없이 강한 정서반응을 일으킬 것이다. 그리고 이런 경우 CREB-2 기억억제 기제를 우회할 것이다).

반면, 어떤 것이 반복해서 일어난다면 그것은 중요한 것임에 틀림없다. 만약 전화벨이 울리고 수화기를 들었을 때 상대가 아무 말도 하지 않고 숨소리만 냈다면 이때에도 어떤 사람이 잘못된 번호를 돌렸을 수 있다. 너무나 화가 나서 그것이 그 사람이 우연히 한 실수라는 것을 받아들이기 힘든 경우에도 그럴 수 있다. 그러나 같은 일이 반복해서 일어나서 당신이 그것에 대해서 무언가를 하려고 한다면 그 사건을 기억할 필요가 있다. 007의 주인공 제임스 본드를 만든 이안 플래밍은 한 때 다음과 같은 말을 했다. "한 번 일어나는 것은 우연이다. 두 번 일어나는 것은 우연한 일치다. 세번째로 일어나는 것은 적의 행동이다."

과일초파리와 바다달팽이로 한 연구는 CREB과 CREB-2의 분자수준에서 학습과 기억을 조작하는 방법들을 생각해 내었다. 만약 약으로 CREB이 영구적으로 또는 일시적으로 차단되면, 실험실 동물을 많은 훈련회기 동안 훈련시키더라도 그 동물은 어떤 것도 학습할 수 없다. 그러나 만약 CREB-2가 차단되면, 그 동물은 정상적으로는 여러 번 훈련받아야 하는 것을 단 한 번의 훈련회기만으로도 기억한다. 사람들에게 기억을 증진시키는 데 도움을 주기 위해서 이것을 실제적으로 응용할 수 있다.(또는 역으로 어떤 경험을 전혀 형성하지 못하게 하기 위해서도 응용할 수 있다) 그렇기 때문에 이런 종류의 분자적 기억조작으로 윤리적, 그리고 실제적인 딜레마가 있는 판도라의 상자가 열릴 것이 분명하다.

여러 다른 종류의 기억을 다루는 여러 뇌구조물들

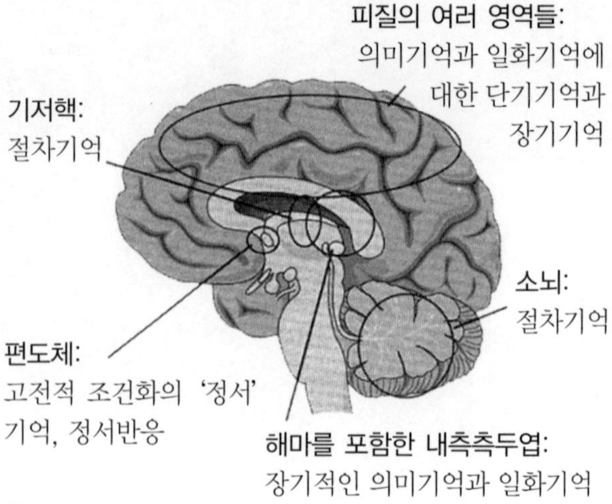

기억은 여러 가지

기억의 시스템들이 어떻게 상호 관련되는가를 아는 것은 장기기억으로 부호화하는 것을 증진시킨다

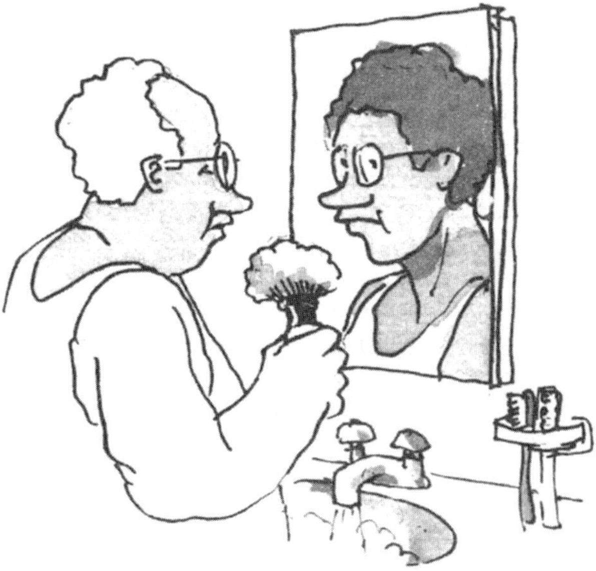

기억연구의 역사에서 획기적인 사례는 H. M.이라는 사람의 사례로, 그는 간질발작을 치료하기 위해서 수술로 뇌일부가 제거된 후 기억을 할 수 없게 되었다. H. M.은 순행성기억상실증anterograde ammesia을 겪

게 되었다. 즉, 그는 기억상실증이 시작된 후 일어난 어떤 것도 기억할 수 없다. 예를 들면, 그가 새로운 의사에게 소개되었을 때 그는 정상적으로 보일 수 있다. 그러나 만약 그 의사가 그 방을 떠난 후 몇 분 후에 되돌아오면 그는 그 의사의 이름, 그들이 서로 만났다는 사실까지 잊어버린다. 다시 말하면, 그는 새로운 기억들을 형성할 수 없는 것으로 보였다. 그는 또한 수술 이전에 일어났던 일도 망각했다. 그러나 그의 어린 시절에 있었던 기억은 온전하게 유지되어 있었다.

왜 H. M. 사례가 신경과학자들을 사로잡는가

H. M.을 연구한 심리학자들은 그가 새로운 의식적 기억은 형성할 수 없지만 다른 새로운 것은 학습할 수 있다는 사실을 깨닫고는 놀랐다. 예를 들면, 그는 거울을 보고 따라 그리기, 즉 거울 속에 있는 자신의 손을 보면서 어떤 형태의 윤곽을 따라가는 과제를 습득할 때

정상적인 학습곡선을 나타내었다. 그 과제는 어떤 사람에게도 처음에는 어려운 것이다. 그러나 대부분의 사람들은 며칠 연습하면 많은 실수를 하지 않고 그것을 하는 것을 학습할 수 있다. H. M. 역시 그렇게 할 수 있었다. 비록 매 연습회기 때마다 자신이 전에 그 과제를 한 적이 있다는 것을 전혀 기억할 수 없었지만.

그런 후 H. M.은 여러 가지 기억 시스템이 뇌에 있는 여러 가지 다른 뇌구조물에 의존한다는 것에 대한 살아있는 증거가 되었다. H. M.은 사실과 사건에 대한 의식적 기억을 형성할 수 있는 능력을 잃었다. 그러나 그는 새로운 운동기술, 그리고 다른 형태의 무의식적 기술들을 학습할 수 있는 능력은 가지고 있었다.

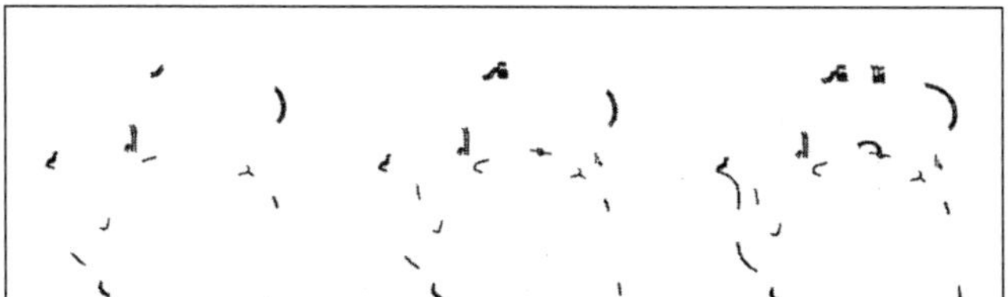

예를 들면, 어떤 사람들도 앞에 나타난 것과 같이 이미지가 단편적으로 그려져 있을 때 그 사물이 무엇인지 알아내기 어렵다. 그러나 만약 71쪽에 나타나 있는 것과 같은, 그 사물에 대한 뚜렷한 윤곽선이 있는 그림을 보여주면 대부분의 사람들은 그 후 그 단편으로 된 그림을 다시 볼 때 그 그림을 훨씬 쉽게 알아볼 수 있다. 비록 그들이 전에 그 온전한 상을 본 것을 명백하게 기억할 수 없을 때라도 그렇다. H. M. 역시 그랬다. 이런 종류의 기억을 점화기억priming memory이라고 하는데, 이 기억은 우리가 보통 기억이라고 생각하는 종류의 외현적인 의식적 기억에는 의존하지 않는다. H. M.이 잃은 것은 바로 이 의식적 기억이다.

H. M.의 뇌에서 파괴된 기억인, 사실과 사건에 대한 의식적 기억을 선언적 기억declarative memory이라고 부른다. 왜냐하면, 그것은 "나는 어제 아침에 내 고양이 위에 오트밀을 쏟았다."와 같이, 당신이 그것에 대해서 말할 수 있는 기억종류이기 때문이다. 이것은 사실이거나 거짓일 수 있는 사실과 사건을 아는 것처럼 '그것을

아는knowing that' 학습의 종류이다. 이 기억은 내측측두엽 내에 있는 구조물들에 달려있다. 내측측두엽 내에는 해마가 있는데, H. M.은 수술을 받으면서 해마가 손상되었다.

반면 운동기술은 '어떻게 하는가를 아는 것know how'에 대한 기억으로 해마에 의존하지 않는다. 그래서 H. M.은 그 기억에는 문제가 없었다. 점화기억, 그리고 다른 유형의 무의식적, 비선언적nondeclarative 학습과 기억은 H. M.에게 문제가 없었다. 이런 종류의 학습과 기억은 다른 뇌 시스템이 통제한다(64쪽 그림을 보라).

H. M.의 사례는 이 모든 서로 다른 기억 시스템들이 서로 독립적이어서 다른 뇌구조물은 온전하면서 어떤 뇌구조물만 손상될 수 있다는 것을 나타낸다. 여러 종류의 기억들은 항상 병렬로 작용하여, 우리가 그것을 의식하든 의식하지 못하든 여러 수준에서 우리 행동에 영향을 미친다.

재미있게 하고 유익하기 위해서 편도체에 장난치기

아직도 어떤 연구자들은 서로 다른 기억 시스템들이 비록 서로 별개지만 우리가 흔히 생각하듯 그렇게 별개로 작용하지는 않는다고 생각한다. 예를 들면, 편도체는 '정서' 기억에 관련되는 뇌구조물이다. 이런 기억에는 공포증, 공황발작, 그리고 외상 후 스트레스 장애를 일으키는 기억종류가 포함된다. 이런 것은 모두 우리를 놀라게 만드는 경험이 뇌에 새겨진 후에 일어나는 장애들이다. 그런데 그런 장애와 관련된 뇌 시스템이 의식적 · 합리적 사고와는 독립적으로 작용하기 때문에, 그런 장애들은 모두 의식적, 합리적인 말이나 생각에 의해서 치료되기 어렵다. 비행기를 타는 데 심한 공포를 느끼는 사람에게는 단순히 "이완해라 – 해마다 비행기충돌로 죽는 사람의 수는 자전거사고로 죽는 사람수보다 적다."라는 말을 하더라도 전혀 도움이 되지 않는다.

그러나 편도체에 장난하여 평범한 사건과 사실

을 영구적으로 저장하기 위해서 꼬리표를 붙일 수 있다.('쉬운 방법으로 학습하기' (33쪽)를 보라) 만약 편도체가 손상되면 사물에 대한 뇌의 정서적 반응이 변할 뿐 아니라 새로운 의식적 지식을 습득하는 데도 손상이 생긴다. 사실, 편도체는 정서적 기억을 전문적으로 다룬다. 그 결과, 끔찍하게 흔들리는 비행기를 탄 후, 비행기 타는 데 대한 공포가 생기게 된다. 그러나 그것은 흔히 있는 자료에 극적인 정서를 일으켜서 기억을 강하게 새기는 강력한 도구가 될 수 있다. 어느 것을 더 쉽게 기억할 수 있는가? '내 전화번호는 848-7465' 또는 '내 전화번호는 VITRIOL 황산이다' 중에서.

과학: 연구자들이 인간 기억을 연구하기 위해서 어떻게 바다달팽이와 과일초파리를 사용하는가

H. M. 사례로 연구자들이 여러 가지 기억 시스템에 대해서 알게 된 이래로 뇌에서 여러 가지 종류의 기억과 단계들이 어떻게 작용하는가에 대한 자세한 지식이 미세한 화학적 수준과 구조적 수준에서 많이 축적되었다.

이 연구 대부분은 바다달팽이와 과일초파리와 같은 생물을 연구하면서 행해졌다. 바다달팽이는 대단히 큰 뉴런을 조금 가지고 있으면서 우리와 동일한 원리로 작용한다는 이점을 가지고 있다.(『뇌를 깨워라』, '습관화' (169쪽)를 보라) 그래서 대단히 단순한 동물 시스템의 대단히 특정한 부분들을 연구함으로써 과학자들은 더욱 복잡한 인간기억을 만들고 저장하는 시스템들에 관해 많은 것을 알 수 있게 되었다.

물론 인간은 바다달팽이나 과일초파리에게는 없는 종류의 기억을 한다. 바다달팽이의 아가미를 계속해서 막대기로 찌르면 그 바다달팽이는 거기에 더 이상 반응하지 않는 것을 학습할 수 있다. 이는 습관화라고 부르는 단순한 형태의 학습과 기억으로 일어난 행동변화다. 인간은 자궁 안에 있으면서도 이런 종류의 학습을 할 수 있다.(『뇌를 깨워라』, '자궁 안에서의 학습' (23쪽)을 보라) 과일초파리는 어떤 냄새를 불쾌한 전기 쇼크와 함께 반복해서 제시하면 그 둘을 연합하는 것을 학습할 수 있다. 이는 고전적 조건화라고 부르는 학습과 기억의 형태이다. 이런 종류의 기억은 수억 년 전에 나타났으며 인간이 이 지구상에 존재하기 훨씬 이전부터 있었다. 그런 학습은 충분히 유용하여, 진화는 그런 학습을 없애지 않고 새로운 종들이 진화하면서 그 학습 위에 다른 학습들을 덧붙였다.

그러나 인간은 사건에 관한 선언적 기억(일화기억)과 사실에 관한 선언적 기억(의미기억)과 같은 의식적 기억형태뿐 아니라 기술과 습관의 학습(절차기억)과 같은 다른 종류의 비선언적 기억도 한다. 이런 종류의 기억 중 어떤 것은 (H. M.의 경우에서 나타난 것처럼) 해마와 다른 뇌구조물에 의존한다. 그런데 바다달팽이와 과일 초파리는 그런 구조물을 가지고 있지 않다. 그렇다면 당신은 어떻게 이런 종류의 기억을 동물모델로 연구할 수 있는가?

비록 인간이 아닌 종이 어떤 것을 '선언하지(declare)' 못해도 그런 종들 중에서 어떤 종은 해마를 가지고 있다. 그리고 그 종들은 이전에 어떤 위치에 있었던 것을 기억하는 것을 행동으로 나타낼 때 일화기억을 가지고 있다는 증거를 보인다. 새는 해마를 가지고 있고 또한 공간기억을 한다. 그래서 연구자들은 이와 같은 다른 형태의, 해마—의존적인 기억을 원숭이나 쥐와 같은 동물을 가지고 연구해왔다. 바다달팽이보다 훨씬 복잡한 동물들을 사용하여 과학자들은 선언적 기억을 자세한 분자수준에서까지 연구할 수 있게 되었다. 비록 선언적 기억의 뇌구조물과 비선언적 기억을 담당하는 뇌부위들이 서로 다르지만, 모든 종류의 학습에는 경험한 것을 뇌에 영구적인 구조적 변화로 전환시키는 동일한 본질적인 분자기제가 있다.

어떤 기억 시스템에 있는 사실에 접근하기 위해서 어떻게 다른 기억 시스템을 사용하는가

어떤 때, 어떤 장소에서 있었던 경험에 대한 기억은 보통 시각적이다. 그것을 일화기억episodic memory이라고 부른다. 그런 시각적 기억들은 종종 세상에 대한 사실의 의미적semantic 지식정보를 추출하는 데 첫번째 단계가 된다. 예를 들면, 어떤 친구가 당신에게 자신의 새 아우디 컨버터블이 얼마라고 말한다면 당신은 그 대화를 할 때의 시각적 이미지를 기억할 수 있을 것이다. 그 후 당신은 그 사건을 잊어버리지만 그 때 들은 그 자동차값은 기억할 수 있다. 그 사실을 어떻게 습득했는지는 영구히 잊어버릴 수 있다. 그런 방법으로 일화기억과 의미기억은 상호작용한다.

다른 방법으로 작용할 수도 있다. 일화기억은 의미기억에 접근하는 것을 도울 수 있다. 즉, 어떤 것이 일어난 장소를 회상하면 당신이 그 장소에서 배운 것을 기억하기 쉽다. 이 사실은 실제적인 응용가치가 있다. 시험점수는 시험 보는 내용을 배우고 공부한 장소에서 치룰 때 성적이 잘 나오는 경향이 있다. 또한 사람들이 무엇을 가지러 방에 들어가서는 무엇을 가지러 왔는지 잊어버릴 때, 자신이 그 방에 들어오기 전에 있었던 장소를 마음 속으로 그려보고, 그것을 가지러 가기로 결정했을 때 자신이 하고 있었던 것을 시각적으로 그려보면 기억을 잘 할 수 있다. 물론 사람들이 어떤 것을 기억하거나 생각하는 것을 원하지 않을 때도 있다. 불면증인 사람들에게는 종종 침대를 단지 잠잘 때에만 사용하라고 충고한다. 예를 들어, 어떤 사람이 침실을 일과 연합시킨다면 그 사람은 새벽 3시에도 아침 8시 미팅에서 할 프리젠테이션을 생각하면서 천장을 쳐다보고 있을 수 있다.

어떤 것을 하는 방법에 대한 기억은 뇌가 다른 지식에 접근하는 것을 도울 수 있다

절차기억은 자전거를 타거나 차를 운전하는 것 또는 날마다 직장에 출근할 때 동일한 길을 선택하는 습관을 습득하는 것과 같은 기술을 학습하는 데 사용되는 기억이다. 모든 비선언적 기억 시스템 중 절차기억은 의식적으로 접근하기 가장 쉽다. 차를 운전하는 것과 같은 기술은 우리가 의식적인 노력을 기울일 수 있는 그런 것이다. 그리고 그와 같은 기술은 우리의 일화기억 시스템과 의미기억 시스템에 있는 사건과 사실에 대한 지식과 함께 우리의 지식저장고의 일부를 형성한다. 지식의 한 가지 유형은 **어떻게 하는가**를 아는 것이고, 또 한 가지는 **무엇을 아는가**로 생각할 수 있다. 그러나 그 둘 다 우리가 의식하는 종류의 지식이다.

반면, 우리의 절차기억에 있는 기술과 습관들은 사실과 사건에 대한 우리의 기억보다 훨씬 더 안정적이다. 자전거를 타는 데 필요한 복잡한 움직임은 잊은 것 같아도 항상 되돌아온다. 그와 같은 자동적인 습관적인 것이, 변화시키기 어려운 뇌의 절차기억 시스템에 들어가면 변하기 어렵다. 그래서 좋은 습관이나 나쁜 습관을 없애기 어렵게 된다.

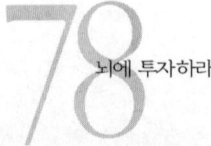

'갈고리로 걸기' — 어떤 것을 기억하기 위해서 다른 종류의 기억을 사용하는 실제적인 도움

당신은 의미지식을 갈고리로 걸어서 근육기억(즉, 절차기억)에 가져감으로써 절차기억을 이용할 수 있다. 예를 들어서 만약 당신이 (아침에 약을 먹는 것을) 잊는 경향이 있다면, 그것을 (커피포트를 준비하는) 습관이 된 절차기억에 가져다 붙여라. 그래서 당신은 한 가지 기억을 다른 기억을 상기시키는 자극으로 사용할 수 있다.

당신의 근육기억에 새로운 지식을 부호화하여 당신의 마음에 새로운 의미지식을 새기는 것을 도울 수 있다. 그래서 당신이 그것을 필요로 할 때 더욱 쉽게 이용할 수 있다. 여성이 강간범에게 공격당할 때 무엇을 해야 하는가를 이론적으로 아는 것은, 실제상황에서 두려움으로 아드레날린이 많이 나올 때 그것을 실제로 행하는 것과는 다르다. 아마도 그 때 사람들은 공황상태에 있게 될 것이다. 그러나 만약 당신이 공격에 대한 반응을 실제로 행해 보면서 연습한다면 실제 그것이 필요할 때 당신의 지식을 사용할 가능성이 훨씬 많아진다.

의미기억을 보강하기 위해서 절차기억과 일화기억을 사용하는 또 다른 방법은, 당신이 외국어를 공부할 때 혼자 자신의 방에서 공부하는 것보다는 장면들을 연출해보는 것이다. 그 방법으로 그 장면에 대한 일화기억과 새로이 학습한 어휘와 문법을 사용하는 절차기억은 당신이 미래 그 지식에 접근하는 것에 도움을 준다.

생각하지
이 공간에 쓰지 말라
직원만 이용하기 위하여

방심함

자동조종 장치로 움직이는 뇌는 고도를 잃는다

하루는 어떤 부인이 백화점에서 산 물건값을 지불하려고 하는데 그때 계산대에 있는 직원은 그 여자가 신용카드 뒤에 사인을 하지 않았다는 사실에 주목했다. 그는 그 카드를 그 손님에게 주면서 사인하도록 부탁했다. 그 계산대에 있는 직원이 보는 동안 그 여자는 카드에 사인을 했다. 그리고 그 직원은 물건값을 찍은 후 그 손님에게 그 전표를 사인하도록 건네주었다. 그리고 나서 그 직원은 전표 위에 쓴 사인과 카드 뒷면에 쓴 사인이 서로 일치하는가 확실히 하기 위해서 비교했다. 이 마지막 단계는 늘상 하는 일이라서 그는 그 고객이 짧은 시간간격을 두고 카드와 전표에 사인하면 두 개가 서로 다를 수 없다는 사실을 생각하지도 못했다.

방심함mindlessness이란 용어는 반복되는 일상적인 일을 할 때 부주의로 실수하는 마음의 상태를 일컫는다. 그것은 본질적으로 주의를 기울임paying attention이라는 개념과 반대이다.

작업기억을 이해하면 방심을 줄이고 학습수행을 증진시키는 방법들을 탐색할 수 있다. 작업기억이란 일시적으로 '온라인에 있는' 단기기억 시스템으로 당신이 그것을 사용하기에 충분한 시간 정도로 정보를 간직한다. 작업기업 시스템은, 음성학적 고리phonological loop, 시공간적 스케치패드visuospatial sketchpad, 그리고 그 둘을 통제하는 중추집행기central executive, 세 가지 요소로 되어 있다. 음성학적 고리와 시공간적 스케치패드의 용량에서 나타나는 개개인의 차이는 주로 유전으로 결정된다. 그러나 중앙집행 기관이 얼마나 잘 작용하느냐는 연습과 노력에 많이 달려 있다.

음성학적 고리는 당신이 일련의 숫자, 예를 들면 전화번호를 다이얼로 다 돌리거나 누를 때까지 마음의 귀에 유지할 수 있게 하는 기제이다. 또한 음성학적 고리는 새로운 어휘를 습득하고 (85쪽에 있는 것과 같은) 애매한 문장을 해독하는 것과 같은 언어기술에도 도움을 준다.

시각공간 스케치패드는 숫자 한 묶음을 마음의 눈에 보존하는 기제이다. 또한, 시공간 스케치패드를 사용하여 자전거 기어가 체인을 움직이는 방식을 시각화할 수 있다. 여러 가지 문제를 해결하기 위해서 이 단기적인 시각창고와 단기적인 청각창고를 사용하는 것은 중추집행기이다. 즉, 종이를 이용하지 않고 머리 속에서 두 숫자를 곱할 때 또는 종이와 연필을 사용하여 자전거의 고단 기어가 자전거를 더 빨리 가게 하는 방식을 스케치하는 문제를 해결하기 위해서 중추집행기는 단기적인 시각창고와 청각창고를 쓴다. 이런 작업기억 기술 모두 중앙집행기의 주의와 노력을 필요로 한다. 중추집행기가 제대로 제 할 일을 하지 못할 때 부주의한 실수가 생기는데, 그것이 방심이다.

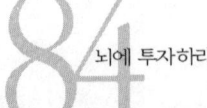

방심의 윗면

방심이 항상 나쁜 것은 아니다. 사실 그것은 당신이 야구공을 칠 때처럼 무의식적인 비선언적 기억에 의존하는 무언가를 하고 있을 때에는 수행을 증진시킬 수 있다. 야구선수가 '최상의 상태' in the zone에 있을 때를 생각해 보자. 이때에는 그 야구공이 마치 포도 크기 정도로 보이고 그래서 커브로 들어오는 공을 그 움직임에 완벽하게 맞추어 치게 되는데, 이때 그 선수는 무의식적 기억체계에 의존하고 있다. 만약 그 선수가 의식적인 기억체계들을 활동시켜 그가 하고 있는 것에 대해서 너무나 많은 것을 생각한다면 그 생각이 그 공을 치는 절차기억 지식을 방해할 것이다. 스포츠에서는 그것을 **질식**choking이라고 부른다.

그러나 다른 상황에서 뇌가 자동조종 장치에 따라 활동할 때는 실수하기 쉽다. 실수는 금요일 같은 날 정장을 하고 나가는 것처럼 사소한 것일 수도 있지만 비행기를 충돌시킨다든지 유조선을 가라앉히는 것 같이 심각한 것일 수도 있다.

정원길을 따라 내려가기

정원길 문장은 '우리를 정원에 있는 길을 따라 내려가게 인도하면서' 그 구조와 의미를 잘못 해석하게 만든다. 우리는 이와 같은 구조적으로 애매한 문장들을 들을 때 자신의 음성학적 고리가 가진 단기적인 청각저장고에 의존해서 문장을 옳게 재분석할 수 있다.

The dog walked through the park barked.
The man who whistles tunes pianos.
The cotton clothing is made of grows in Texas.
The old man the boat.
The horse raced past the barn fell.
The prime number few.
The man who hunts ducks into the bar after work.
Fat people eat can be unhealthy.

주의에서 노력까지

작업기억의 중추집행기가 자동적으로 기능을 잘 하는 것은 아니라는 사실을 기억하는 것이 중요하다. 어디에 주의집중하기 위해서는 노력이 필요하다. 예를 들면, 어떤 사람들은 이름을 기억하는 데 어려움이 있다. 이는 우선 그 사람이 노력하는 습관을 가지고 있지 않기 때문일 수 있다. 작업기억은 장기기억의 문지기 역할을 하기 때문에 만약 우리가 자신이 하고 있는 것에 대해서 주의를 기울이기 위한 노력을 하지 않는다면 많은 것을 배울 수 없다. 읽고 있는 동안 무언가 다른 것을 생각하고 있었기 때문에 책이나 신문을 읽고 난 후 자신이 읽은 것에 대해 아무것도 기억할 수 없었던 경험을 한 적은 없는가? 읽은 것을 얼마나 효율적으로 이해하는가는 우리가 우리 눈 앞에 있는 것에 충분히 주의를 기울이느냐 아니냐에 많이 달려 있다.

이는 특히 중추집행기에, 일반적으로는 작업기억에 또 다른 문제를 일으킨다. 비록 장기기억이 모든 목적을 충족시키기 위해서 그 용량이 무한하지만 단기기억은 엄격히 제한된 용량을 가지고 있다. 그리고 작업기억의 단기기억 저장고는 대단히 제한되어 있다. 사실 단기기억 저장고는 꽤 적은 양의 정보로 '가득 채워진다'. 예를 들면, 음성학적 고리의 경우, 2초 정도의 청각정보면 가득 찬다. 그렇기 때문에 우리가 단기기억 검사에서 확실하게 낙제할 수 있는 두 가지 방법이 있다. 한 가지는 주의를 기울이지 않는 것이다. 다른 한 가지는 동시에 너무나 많은 자료를 다루려고 시도하는 것이다. 예를 들면, 20개 숫자를 거꾸로 반복한다든지 또는 기말시험 후에 있을 파티를 마음속으로 계획하면서 구두시험에서 묻는 어려운 질문에 대답하려고 하는 경우를 생각할 수 있다.

종종 단기기억이 지나치게 부하된 것과 주의를

제대로 기울이지 못하는 것은 같은 문제의 양면이 될 수 있다. 음성학적 고리에 대한 연구는 작업기억의 이 요소가 배경에서 들리는 말소리와 같은 소리에 의해서 방해받을 수 있다는 사실을 나타내고 있다. 만약 우리가 여러 개의 숫자를 기억해서 말해야 할 때 주위에서 사람들이 말하는 것이 들리면 우리의 수행은 많이 떨어질 것이다. 비록 외국어로 말한다 할지라도 방해된다. 우리는 숫자, 글자나 단어를 우리 마음속에 유지하기 위해서 단기적인 음성학적 고리를 사용하기 때문에, 숫자, 글자, 단어가 비록 시각적으로 제시된다 하더라도 동일한 음성학적 고리를 사용한다. 말소리나 그와 비슷한 소리는 음성학적 고리에 자동적으로 접근하고, 우리가 주의를 집중하면서 이용할 공간을 차지한다.

배경음악을 들려주면서 한 실험에서도 동일한 결과가 나왔다. 만약 그 음악에 성악적인 요소가 있다면 작업기억은 나빠진다. 만약 그 음악이 순전히 악기에 의한 것이면 작업기억은 단지 약간만 영향을 받는다. 말하는 것은 자동적으로 그리고 의식되지도 않으면서 작업기억의 음성학적 저장고에 접근하기 때문에 주위에서 사람들이 말하고 있을 때나 TV나 라디오가 켜 있을 때는 주의를 집중하기 어렵게 된다(반면 어떤 종류의 악기로 연주하는 음악은 정신집중하기 쉽게 만든다 -『두뇌를 깨워라』, '음악' (125쪽)을 보라).

주의 집중해서 결정하기

의사결정에서도 주의를 집중하는 것이 중요하다. 얼마나 많은 좋은 시민들이 TV 토론에서 후보자들이 말하는 것의 세부적인 것에 주의를 기울이지 않기 때문에 끝내는 신중하지 못한 투표를 하게 되는가? 후보자들이 어떻게 '보이고', '들리느냐' 하는 데 대해서는 정신적인 주의집중이 별로 필요하지 않다.

그리고 사람들이 너무나 게으르고 자기만족 상태에 있으면서 상대방이 하는 말을 듣지 않을 때 얼마나 많은 관계가 비틀거리기 시작하는가? 관계를 시작한지 얼마 되지 않는다면 그 관계가 새롭기 때문에, 예측이 가능하지 않기 때문에, 정서적으로 강하기 때문에 자동적으로 주의를 기울이게 된다. 그러나 서로에 대한 심취가 사그라지면서 그 관계는 더욱 친밀해지고 그럴 때에는 정말로 상대방이 말하는 것을 듣기 위해서 의식적으로 노력할 필요가 있다.

스트레스

작은 것이 너무나 자주 기억세포를 죽인다

스트레스를 느껴본 적이 있는가? 명확하게 생각할 수 없는가? 당신의 기억력이 예전 같지 않은가? 당신은 과거보다 더욱 자주 꽉 막힌 상태에 있는가? 만약 이 질문 중 하나라도 그 대답이 "예."라면 당신이 다

른 질문에 대해서도 "예."라고 대답할 확률이 높다. 이제 여러 연구들이, 많은 사람들에게 이런 불평 모두가 호르몬, 뇌, 면역계와 상호 관련되어 있다는 것을 나타낸다. 스트레스는 면역계를 방해하여 신체에 해를 끼칠 뿐 아니라 뇌세포에도 해를 끼치고, 뉴런 성장을 지체시키며, 기억을 차단하고, 그리고 심지어 알츠하이머 병의 시작을 촉진시킬 수도 있다.

스트레스가 뇌에 영향을 미치는 대파괴를 이해하기

위와 같은 점에 대해서 우리가 할 수 있는 것이 어떤 것이라도 있는가?

있다. 사실 단순히 그 상황을 통제할 수 있다는 것을 아는 것만으로도 스트레스로 야기되는 뇌의 파괴 위험을 줄일 수 있다. 어떻게 그렇게 되는가를 아래에서 설명한다.

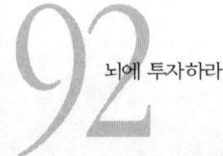

스트레스 사건에 직면해 있다고 상상해 보라. 예를 들면, 길을 가는데 길 위에 뱀이 있거나 상사에게서 퉁명스런 비평을 듣는다고 상상해 보자. 뇌는 즉각 부신선에 신호를 보내어 스트레스 호르몬인 코티졸(이는 작은 양일 때는 도움을 준다. 그러나 그 양이 많으면 해가 된다), 에피네프린아드레날린, 그리고 노에피네프린노르아드레날린을 분비하게 한다. 이제 과잉의 혈액이 뇌, 근육, 심장으로 간다. 혈액 속에 있는 당수준이 높아지면서 많은 연료가 혈류로 뿜어 나온다. 뇌의 원시적인 부분인, 위협에 대해 경계하게 하는 뇌구조물인 편도체가 다른 시스템들을 깨운다. 서로 연결되어 있는 모든 뇌 시스템들을, 위협 가능한 것에 직면하도록 하기 위해서 지나치게 정신을 바짝 차린 상태로 만든다. 신경은 근육에 신호를 보내어 얼어붙게 하거나 심하게 싸우게 하거나 또는 빨리 도망가게 한다. 그런 반응이 우리의 생명을 구할 수 있다.

그러나 그런 스트레스가 오래 지속되면 스트레스 호르몬은 실제적으로 신체와 뇌를 해치게 된다. 코티졸 수준이 계속해서 높으면 면역계를 약화시킬 수 있다.

그리고 궤양, 심장혈관계 질환, 그리고 당뇨병을 일으킬 수 있다. 과다한 코티졸은 또한 뇌세포를 죽인다.

기억문제? 생각할 수 없다? 그러면 그냥 이완하라

28세인 타터아너 쿨리(Tataana Cooley)는 미국 기억대회 메모리아드에서 세 번 우승했다. 그녀는 시험, 인터뷰, 정신적으로 스트레스를 주는 다른 수행을 할 때 잘 하길 원하는 사람들에게 한마디 충고를 한다. 이완하라. 최근 어소시어티드 프레스 이야기에 인용된 것인데, 쿨리는 공포로 많은 사람들이 잘 기억하지 못하는 것을 현대생활의 혼동과 스트레스 탓으로 돌린다. 해마다 하는 기억경시대회에서 일등을 하는 자신의 기법 중에 중요한 부분은 '이완하고, 심호흡을 하고, 자신에게 편하게 마음먹도록 상기시키는 것' 이라고 그녀는 말한다.

비록 쿨리가 어떤 것에 대해서 선천적으로 탁월한 기억력을 가진 것은 분명하지만 — 그녀는 대학에서 시험을 치르면서 자신이 받은 수업의 강의 노트에 있는 것을 그대로 다 회상할 수 있다는 사실을 발견했다 — 그녀는 아직도 일상생활에 있는 세세한 것 중 많은 것을 기억하기 위해서 접착식 메모지를 붙인다. 그리고 그녀는 적어도 그 기억대회의 몇 라운드에서는 누구라도 사용할 수 있는 기억술에 의존한다. 그녀 자신이 인정하는 것처럼 "누구라도 기억을 잘 하기 위해서 자신의 마음을 훈련시킬 수 있다."

당신은 그 기억대회에서 우승할 수 있다고 생각하는가? 여기에 최근 그 대회에 출제된 몇 개의 문제와 우승자의 점수가 나와 있다.

이름과 얼굴 : 15분간 99개 얼굴사진과 그 이름을 익히기. 그리고 나서 무선적인 순서로 제시되는 각 사진에 얼굴의 이름이나 성을 적는다.

우승자 점수: 85

단어 : 각 세로줄마다 25개 단어가 적혀 있는 무선적인 500개 단어로 된 목록을 익힌다. 그리고 나서 당신이 기억할 수 있는 한 많이 적는다.

우승자 점수: 78

시 : 당신이 할 수 있는 한 50개 줄로 된 시를 많이 외운다. 최근 대회에서 사용된 시의 첫 세 줄이 아래에 제시되어 있다.

A Knight in armour falls pushed by his star

By the crow of a cock. A wedding ring

Bounced off a coffin by a finger caught it...

우승자 점수:180

카드놀이 : 무선적으로 섞은 52개의 카드를 훑어본다. 그리고 5분 이내에 당신이 할 수 있는 한 그 카드의 순서를 기억한다. 그 카드 한 벌을 거기에 있는 심판관에게 준다. 그는 그 카드를 한 장씩 다룰 것이다. 당신은 카드를 뒤집어엎기 직전에 각 카드의 이름을 소리내어 맞추어야 한다.

우승자 점수: 22

당신이 위의 것을 잘 할 수 없다면 다음과 같은 점을 마음에 새겨라. 어떤 대회에 참가한 사람도 — 쿨리조차도 — 특수한 부호화 술책을 사용하면서도 모든 라운드에서 다 잘 하지는 못했다. 그리고 당신은 그녀가 말한 마지막 교훈을 따른다면 확실히 성적을 올릴 수 있다.

"날마다, 집에서나 일터에서나 나는 어떤 것을 기억하는 데 의식적인 노력을 한다."

공황(심한 공포)은 왜 기억을 차단하는가

학습과 기억에 중요한 뇌구조물인 해마는 스트레스 호르몬인 코티졸의 해로운 효과에 가장 취약하다. 진화로 인간의 뇌에 있는 해마와 편도체가 동시에 둘 다 잘 작용하기 어렵게 되었다. 인간의 뇌는 살기 위해서 공격에 대해 즉각적으로 반응할 수 있어야 한다. 그렇지 않으면 죽는다(신경과학자들이 좋아하는 예가 있다. "만약 당신이 공룡의 종류를 알 수 있다면, 그때는 너무 늦었다").

편도체가 실제적인 위협이든 상상한 위협이든 위협을 지각할 때, 해마의 기억저장 시스템과 인출 시스템은 닫힌다.(어떤 연구자들은 이를 가리켜 'downshifting' 이라고 부른다) 싸우거나 도망갈 준비가 된 사람은 위기가 끝난 후 그 위기에 있었던 모든 세부적인 것을 기억할 수 없을 것이다. 공황반응이 진행 중일 때 뇌는 기억에 있는 어떤 지식도 접근할 수 없다. 왜냐하면, 해마는 기억을 형성하는 데 뿐만 아니라 뇌기억 저장고에서 지식을 끄집어내는 데에서도 중요한 역할을 하기 때문이다. 그것이 사람들이 종종 자신이 알고 있었던, 금방 만난 사람의 이름을 회상하려고 할 때 뇌에 자물쇠로 잠가놓은 것 같은 경험을 하는 이유이다. 여러 사람들 앞에서 말하는 것에 익숙하지 않은 사람들은 여러 사람들 앞에서 말하려고 할 때마다 머리가 텅 빈 것 같은 경험을 한다. 학생들이 시험을 볼 때 자신감을 잃고 공포를 느끼기 시작한다면 어떤 시험에서도 잘 하지 못할 것이다.

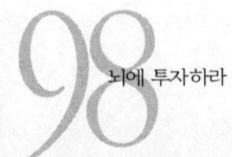

코티졸 작용의 윗면과 아랫면

일단 높은 코티졸 수준이 해마에 손상을 가하기 시작하면 그것은 과학자들이 '케스케이드(cascade; 폭포)'라고 말하는 눈덩이효과를 가질 것이다. 즉, 국제관계의 언어로는 '도미노 효과'를 일으킨다. 높은 수준의 코티졸은 해마에 있는 화학수용기를 자극하여 부신선에서 그 생산을 감소하게 한다. 스트레스가 짧게 지속된 후 끝날 때에는 이 피드백 기제가 코티졸을 정상수준으로 회복시키는 데 잘 작용한다. 위협이 있을 때 당신의 심장과 뇌는 기민한 상태에 있다. 그러나 당신이 도망갈 기회 또는 싸울 기회가 있다면 또는 길에 있는 뱀이 단지 지팡이에 불과하다는 것을 알아차리게 되면 뇌와 심장은 잠잠해진다.

그러나 만약 스트레스가 오래 지속되면, 그리고 코티졸이 피드백 과정에 관여하는 해마 뉴런과 수용기들을 죽이기 시작하면 뇌는 코티졸의 생산을 조절할 수 있는 능력을 잃기 시작한다. 코티졸 수준이 반복해서 최고치에 이르면 그 호르몬은 더 많은 뇌세포들을 죽인다. 그래서 기억과 인지가 손상되기에 이른다.

스트레스는 나이와 관련된 정신적인 쇠퇴에서 중요한 역할을 한다

이 '글루코코티코이드 케스케이드' 과정은 나이와 관련된 인지적 쇠퇴, 그리고 알츠하이머 질환에 중요한 영향을 미치는 요인으로 가장 많이 연구되었다. 사실, 노화의 글루코코티코이드 이론을 믿는 많은 연구자들은 늙는다는 바로 그 사실이 인간 뇌에 코티졸로 매개되는 정신적 쇠퇴, 그래서 치매까지 낳는다고 믿는다. 새로운 연구에서 대단히 어린 쥐의 뇌는 스트레스 경험 후 글루코코티코이드 수준을 빨리 정상으로 회복한다는 것을 나타내고 있다. 슬프게도 나이가 많은 쥐는 글루코코티코이드의 기저선수준이 좀더 높은 경향이 있으며, 약한 스트레스 자극에도 글루코코티코이드를 많이 분비하기 쉽다. 그래서 나이가 들면 균형을 회복하는 데 더 어렵다.

학생들에게 주는 메시지

스트레스는 문자 그대로 사람을 아프게 만들 수 있다. 비록 단일한 사건으로 스트레스가 짧게 지속되어도 이는 스트레스-반응계를 자극하여 스트레스를 준

사건이 끝난 후에도 스트레스 반응은 지속될 수 있다. 최근 독일에서 대학생들을 대상으로 한 실험에서 학생들이 시험 스트레스를 받는 기간 동안 타액에 있는 항체면역글로빈Aimmunoglobin A: sIgA의 수준이 떨어지는 것을 나타내었다. sIgA 항체는 신체가 바이러스나 침입하는 다른 미생물에 대해서 나타내는 방어의 첫번째 방어선이다. sIgA 수준이 시험이 끝난 후 2주나 그 이상 동안 계속해서 낮은 상태로 머무를 수 있다. 이러한 상태는 학생들이 스트레스를 지각하는 것 이상으로 영향을 준다.

sIgA 항체수준은 부분적으로는 코티졸 스트레스 호르몬에 의해서 통제된다. 그래서 코티졸 수준 역시 스트레스를 주는 경험이 끝난 후 얼마 동안 계속 높은 상태로 지속될 수 있다는 것을 가정하는 것은 합리적인 생각이다. 코티졸이 뇌세포에 미치는 파괴적인 효과를 생각해 보면, 대학시험과 같은 스트레스 자극도 뇌를 손상시킬 수 있다(저자들은 중간고사를 치지 않기 위해서 이 논쟁을 인용하지 않기를 권한다).

개인이 통제할 수 있는, 스트레스 감소요인들

(심리적 스트레스와 같은) 정신적인 상태와 (면역계와 같은) 신체의 시스템 간 상호작용을 연구하는 의학의 한 분야는 서양의학에서는 비교적 새로운 것이다. 연구결과, 아래에 있는 검증된 방법들, 즉 통제된 호흡과 시각화를 이용한 바이오 피드백 기법들, 그리고 규칙적인 요가나 명상이 심리적 스트레스를 감소시키는 데 도움을 준다. 어떤 연구들은 규칙적인 운동 또한 스트레스 호르몬에 대한 신체기저선을 낮추는 데 도움을 주고 그래서 스트레스 자극에 대한 신체의 반응을 조절하는 데 도움을 줄 수 있다는 것을 나타낸다. 다른 연구들에서는 유산소운동 역시 산소와 글루코즈가 뇌로 공급되는 것을 촉진시키고, 뇌의 성장 호르몬(뇌세포의 유지와 보호에 도움을 주는)의 수준을 증가시키고, 그리고 심지어 실험쥐의 해마에 있는 신경생성(새로운 뇌세포의 성장)의 속도를 두 배까지 증가시킬 수 있다는 사실을 나타내고 있다.

집행기능 스트레스를 받는 원숭이실험

이런 비교적 상식적인 충고 이외에 어떤 정신적인 자세가 스트레스의 파괴적인 효과를 막을 수 있을 것이라는 증거가 있다. 많은 심리학개론에 인용된 한 실험에서 조셉 브래디Joseph Brady는 엄격하지만 현명한 실험방법으로 통제가 스트레스와 건강에 미치는 영향을 평가하였다.

두 마리 원숭이를 똑같이 생긴 의자에 나란히 앉힌 후 묶었다. 그리고 두 원숭이에게 동시에 전기충격을 줄 수 있게 장비를 설치했다. 그러나 한 원숭이만 앞에 있는 단추를 눌러서 전기충격을 통제할 수 있는 힘을 행사할 수 있다. 즉, 전기충격을 끌 수 있다. 그 원숭이가 단추를 눌러 전류를 차단하면 옆에 있는 원숭이의 의자에 가는 전류도 차단된다. 그래서 두 원숭이가 전기충격을 같은 빈도, 같은 강도로 받는다. 하지만 단 한 마리 원숭이만이 그것에 대해 무언가를 할 수 있는 책임이 있다. 그 결과는? 전기충격을 끄기 위해서 단추를 누르는 과제의 부담을 가진 원숭이만이, 즉 '집행원숭이' 만이 궤양을 나타내었다. 옆의 원숭이는 궤양을 나타내지 않았다.

무력감으로 이끄는 좌절이 질병을 야기한다

위 실험은, 스트레스 상황에서 의사결정하는 힘이 그런 힘이 없는 것에 비해서 궤양을 더 잘 일으킬 수 있는 것으로 해석되었다. 그러나 사실은 그 이상이다. 그 후 위와 같은 결과를 여러 조건에서 반복하려고 한 연구들에서는 더 자주 아프게 되는 동물은 전기충격을 통제할 수 없는 동물이라는 사실을 나타내고 있다.

우리에 갇힌 동물들이 전기충격을 받으면 전기충격을 끌 수 있는 방법을 찾으려고 광폭하게 날뛸 것이다. 오래지 않아 그 동물은 자신의 환경을 통제할 수 없는 것으로 알고 좌절하게 되고, 우리에 웅크리고 앉아 주위에 대해서 의식을 일체 꺼버린다. 소위 '학습된 무력감learned apathy' 상태가 된다. 자신을 보호하기 위해서 그 동물의 모든 시스템은 아무런 소득없는 시도로 계속해서 좌절에 투쟁하기보다는 패배를 인정하고 모든 것을 차단한다. 무력한 그 동물에게 그 후 단추를 누르면 전기 충격을 끌 수 있는 선택을 하게 하더라도 그 동물은 그 선택을 택하지 않았다. 자신의 의식의 창을 모두 닫았을 뿐 아니라 면역계 역시 작용하지 않아서 그 동물은 질병에 취약하게 되었다.

다시 말하면 비록 결정을 하는 책임감의 부담과 위협에 대한 반응이라는 부담이 스트레스를 줄 수 있지만, 계속되는 스트레스 상황을 통제할 수 없을 때, 특히 그 상황이 변하지 않을 것으로 예측될 때 신체는 극적으로 반응한다. 무력감으로 철회하여 자신을 보호하려는 뇌의 경향성은 우울증의 증상으로 진단될 수 있다. 우울한 상태에서 뇌는 새로운 경험을 하려고 하지 않는다. 즉, 더 이상 학습하려고 하지 않는다.

의미있게 만들라

기억의 세 가지 수준

장기기억에 저장하기 가장 어려운 정보는 의미있는 맥락이 전혀 없는 인위적인 사실들이다. 예를 들면, 일련의 무작위 숫자나 당신이 새 직장에서 첫날 만난 사람들의 그 많은 이름들이 여기에 속한다. 이런 종류의 인위적인 자료를 학습하고 기억하는 데 도움을 주는 많은 기억술mnemonic기법들은 다음과 같은 원리에 기초하고 있다.

무언가 기억하기를 원한다면 그것을 당신이 이미 알고 있는 것에 붙여라. 이것을 한 단계 더 나아가면 (그리고 이것이 핵심이다), 당신이 아는 것이 많을수록 새로운 것을 기억하는 것이 더 쉬워질 것이다.

우리들 대부분은 체스를 잘 두는 사람들이 기억

력이 좋다는 데 동의할 것이다. 사실, 어떤 연구에서 체스를 잘 두는 사람들은 실제 게임에 있었던 25개로 된 판의 배열을 본 후 5초 이내에 모든 것의 위치를 기억할 수 있었다. 체스를 시작한 지 얼마 되지 않은 사람들은 동일한 5초 동안 평균해서 단지 4개 정도의 위치를 기억했다. 그래서 체스 전문가들이 초심자들보다 훨씬 좋은 기억력을 가지고 있다고 주장하게 되는 것 같다.

그러나 잠깐만 기다려 봐라. 체스를 잘 두는 동일한 경기자들에게 체스 판에 있는 것들을 무작위로 배열하고 그것을 5초 동안 보고 기억하도록 했다. 그 배열은 실제경기에서는 결코 볼 수 없는 배열이었다. 그런 경우 그들의 기억은 초심자들보다 결코 더 낳지 않았다. 그렇기 때문에 체스를 잘 두는 사람들이 탁월하게 하는 것은 모든 종류의 기억, 일반적으로 사물에 대한 시각기억이 아니었다. 그들이 잘 기억했던 것은 의미있는 체스판의 배열에 관한 기억뿐이었다.

새 정보를 친숙한 파일로 철해 넣기

좋은 기억력을 가지는 비밀 중 한 가지는 새로운 사실이나 정보를 우리가 이미 알고 있는 것과 관련시켜 생각하는 습관을 가지는 것이다. 기억은 근육과 같은 것이 아니다 — 우리가 단지 그것을 사용하여 새로운 정보를 자동적으로 강하게 만들거나 아무런 노력을 하지 않고도 그것을 습득할 수는 없다. 그러나 우리가 적극적으로 새로운 지식이 관련되는 이미 알고 있는 지식을 리뷰하고, 새 정보를 이미 알고 있는 맥락에 맞추면 기억력이 증진될 것이다.

이 방법은 장기기억에 적용된다. 그러나 작업기억으로 알려진 단기적인 '온라인' 기억에는 적용되지 않는다. 만약 어떤 단어목록을 듣고 난 후 즉각적으로 반복해서 말해야 한다면 — 이는 언어학습과 읽기능력에 관련되는 작업기억 검사이다 — A에 있는 단어목록을 기억하고 반복하는 것은 B에 있는 단어를 기억하여 반복하는 정도로 쉬울 것이다.

A	B
곤충	난로
고양이	팬
나무	항아리

팬	싱크
잔디	접시
배	사발

그러나 몇 초 이상 그 단어들을 기억하기를 원한다면 — 만약 우리가 보통 의미하는 말로 그 목록을 기억하기 원한다면 — B를 기억하기가 훨씬 쉬울 것이다. 왜냐하면, 그 단어들은 덜 무선적이기 때문이다. 그것은 부엌이라는 친숙한 시각 이미지의 의미있는 부분을 나타낸다. 어떤 일련의 단어, 수 또는 다른 자료에도 동일한 것이 적용된다. 엄마의 생일은 완전히 인위적인 4개나 5개의 숫자로 구성된 것보다 기억하기 훨씬 쉽다.

정보처리의 수준

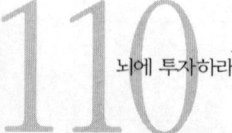

심리학자들은 사람들이 입력자료를 의미있게 만들려고 하는지(그래서 기억할 수 있는지) 그렇지 않는지에

따라 정보처리의 수준이 다르다고 말한다. 정보처리의 수준에는 세 가지가 있다.

얕은 정보처리는 대단히 짧은 청각기억이나 시각기억 검사에서 사용되는 종류의 정보처리이다. 그리고 그것은 우리가 단지 몇 초 동안 자료를 기억하는 데 도움을 준다.

음성학적 정보처리는 단어를 구성하는 소리에 대해 생각하는 것이다. 예를 들면, 만약 당신의 친구가 어떤 주식이 급격하게 상승할 것이라는 정보를 제공했기 때문에 당신이 그 회사이름인 '디지텍스Digitex'를 기억하길 원한다면, 그 이름이 'D'로 시작된다는 것을 의식적으로 생각할 것이다.

의미론적 처리는 단어를 의미로 생각하는 것이다. 예를 들면, 당신은 'Digitex'를 생각할 때, 집게손가락digit 둘레에 끈을 맨 손을 앞으로 뻗치고 있는 상을 생각할 수 있다. 당신은 그 이름에 있는 'digit'이 회사생산품의 컴퓨터 소프트웨어 성질을 가리키고, 'tex'는 텍사스Texas에 자리잡고 있는 그 회사의 총본부를 지칭할 것이라고 생각할 수 있다. 그리고 최근 뉴스에서 텍사스 오스틴Texas Austin이 하이테크 연구, 발달, 그리고 사업중심부로 급부상하고 있다는 뉴스를 생각할 수 있다.

작업기억의 음성학적 고리와 시공간 스케치 패드가 전문으로 하는 얕은 수준의 정보처리는 우리가 그것을 인위적으로 암기하지 않으면 단 몇 초 동안만 기억할 수 있다. 음성학적 정보처리는 그것보다 조금 더 낫다. 그러나 비록 당신이 그 회사 이름이 'D'로 시작된다는 것을 기억한다 할지라도 그 글자로 시작될 수 있는 이름이 너무나 많아서 당신이 옳은 이름을 기억할 수 없을 것이다. 그 중 의미 정보처리semantic processing가 제일 낫다. 왜냐하면, 그렇게 하면 당신은 찾고 있는 정확한 이름을 생각해 내는 데 도움을 주는 많은 의미있는 이미지나 그것과 관련된 것을 떠오르게 하기 때문이다. 그렇기 때문에 당신이 깊은 수준으로 처리할수록 그 후 그 회사의 이름을 회상하기 쉽다.

왜 시각적 기억술이 잘 작용하는가

뇌연구

단어나 이름을 부호화하기 위한 시각적 기억술은 뇌의 왼쪽 반에 위치한 언어중추와는 다른 뇌영역의 도움을 받는다.

양전자방출도(PET)와 기능적 자장공명 영상(fMRI)과 같은 최근의 영상연구에 의하면 작업기억의 '마음의 눈'인 스케치 패드에 의해서 사용되는 시각기술들은 뇌의 여러 영역과 관련된다. 여기에는 두정피질, 측두피질, 후두엽과 측두엽의 경계에 있는 영역, 그리고 전두피질이 포함된다.

많은 특정한 시각기술들은 뇌의 왼쪽보다 오른쪽에 더 많이 달려있다. 정보를 단지 언어영역뿐 아니라 시각영역 등 연결된 여러 피질에 부호화하면 그후 우리가 접근하려는 지식에 더 잘 접근할 수 있다. 그래서 성공적으로 기억해 낼 확률이 증가한다.

어떻게 깊은 정보처리를 이용하여 도움이 되게 하는가

깊은 정보처리는 많은 종류의 학습에 유용하다. 만약 우리가 새로운 단어를 학습하길 원한다면, 종종 그 단어를 의미있는 부분으로 나누는 것이 도움이 된다. 예를 들면, taciturn (침묵을 지키는 경향의; 말하기 좋아하지 않는)의 의미를 기억하기 위해서 우리는 그 단어가 부분적으로 '말하지 않는' 이란 좀더 흔한 tacit이란 단어로 구성되어 있다는 것을 생각할 수 있다.

libel(역자 주: 문서에 의한 명예훼손)과 slander(역자 주: 중상, 비방) 간에 있는 차이도 구별하기 어렵다. 만약 libel이 library도서관와 동일한 어원을 가지고 있는 것으로 보인다는 사실을 생각한다면 libel이 글로 '다른 사람의 명예에 해로운 거짓진술을 하는 것' 을 의미하는 반면, slander는 말로 그렇게 하는 것을 의미한다는 것을 기억하기는 쉬울 것이다.

이 주제와 관련되면서 조금 변형된 것이 스펠링

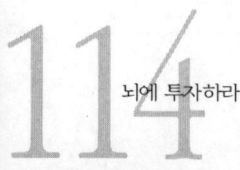

에도 유용하게 작용한다. 어느 것이 옳은 스펠인가? 'tyranny(역자 주: 폭정)', 또는 'tyrrany'?, 'miniscule' 또는 'minuscule?(역자 주: 7세기에 발달한 초서체 소문자)' 이 단어들은 영어에서 스펠을 가장 많이 틀리는 50개 단어 중 두 개이다. 만약 우리가 'tyrant(r이 한 개) (역자 주: 폭군)' 가 'tyranny폭정' 를 한다는 것을 기억한다면, 그리고 'minuscule' 에 단어 'minus마이너스' 가 일부라는 것을 기억하면 이제 그 단어들을 쓸 때마다 옳게 쓸 것이다. 많은 사람들은 단어 separate를 'seperate' 로 잘못 쓴다. separate에는 한 마리 쥐a rat가 있다는 것을 기억한다면 앞으로는 그 단어의 스펠을 결코 잘못 쓰지 않을 것이다.

뇌 영양분

어떤 음식이 어느 시간대에 당신의 수행을 제일 잘 도와주는가

아랍 속담에 다음과 같은 말이 있다.

저녁식사에 친구 모두를 초대하라. 점심식사에는 친구 몇 명만 초청해라. 그러나 아침식사는 혼자 먹어라. 다른 말로 표현하면, 저녁 때에는 당신의 음식을 당신이 좋아하는 만큼 너그럽게 나누어 먹을 수 있지만 아침식사는 확실히 충분히 먹어라.

우리가 아침을 거르면 엄마가 우리를 나무란다. 그리고 우리 모두 아침식사가 하루에 먹는 식사 중 가장 중요한 식사라는 말을 듣는다. 그런데 이게 사실이지 않는가?

잘 통제된 많은 연구에서, 아침을 거르면 기억, 주의, 정보처리 속도, 반응시간에서 수행이 나빠진다고 생각하는, 전통적으로 내려오는 엄마의 지혜를 평가했다. 아침식사를 하면 또한 기분과 동기를 증진시키는 경향이 있다. 비록 IQ에는 의미있는 효과를 나타내지 않지만 말이다. 다시 말해서, 아침식사는 효과적으로 학습하기 위해서 잘 작용할 필요가 있는 기술에 가장 강한 효과를 낸다.

왜 뇌에 파워를 주는 데 있어서 아침밥이 점심식사를 능가하는가

학교나 직장에서 필요로 하는 수행을 하는 데에는 아침식사가 다른 식사보다 더 중요하다. 사실, 아침식사가 학습관련 기술에 혜택을 준다는 것을 연구한 동일한 연구에 의하면, 점심은 학습과 기억에 해로운 효과를 가지는 경향이 있다. 기억, 주의, 정보처리 속도, 그리고 반응시간에 대한 검사에서 점심식사 전이 그 후보다 수행이 더 좋은 것으로 나타났다. 또한 한낮에 하는 식사는 피험자를 더 졸리게 하여 일에 대한 동기를 낮추는 경향이 있다.

왜 아침식사와 점심식사가 그렇게 다른 효과를 지니고 있는가? 깨어난 후 하는 식사breakfast는 말 그대로 9시간 내지 12시간 동안의 단식fast을 깬다.break 아침에는 에너지가 고갈된 뇌가 잘 작용하기 위해서 신체에 연료와 영양분을 채울 필요가 있다.

낮잠에 대한 논쟁

신체의 내부 일일주기는 정신적으로 깨어 있는 데도 영향을 준다. 동굴에 살아서 해가 하늘 어디에 있는지, 지금이 몇 시인지를 전혀 모르는 경우에도, 24시간 주기에서 하루 두 번 체온이 가장 많이 내려가고 가장 졸린 시간이 있다. 그런 시간대 중 하나는 대부분의 사람들이 밤수면을 취하는 기간의 중간에 있고, 또 한 시간대는 정오 후에 있다. 신체는 자연적으로 긴 수면기간, 그리고 그 만큼의 깨어 있는 기간, 그리고 다시 짧은 수면 기간, 즉 낮잠의 패턴을 보인다. 식사와는 무관하게 인간은 이 시간대에 가장 졸린 경향이 있다. 신체의 주기는 점심식사 후 낮잠을 자게 촉진한다.

낮잠은 오후 낮잠시간을 허용하지 않는 문화권에서는 문제가 될 수 있다. 미국에서도 휴가 중, 은퇴했을 때, 자신이 직접 경영하는 경우 또는 실직한 경우가 아니면 낮잠 자기가 어렵다. 보통 당신은 깨어 있으려고 노력해야 한다. 낮잠시간대에 주의와 경계는 최저로 떨어지고, 대부분의 작업장에서 사고가 이때 가장 많이 일어난다.

뇌의 화학공장에 있는 출근표에 사인하라

뇌가 아침식사와 점심식사에 다르게 반응하는 한 가지 이유는, 뇌는 신체의 일일주기에 따라서 중요한 화학물질을 음식에서 다른 방법으로 합성하기 때문이다.

예를 들면, 탄수화물을 먹는 것은 세로토닌serotonin 수준을 높일 수 있는데, 이는 마음이 진정되는 데 도움이 되는 신경전달 물질이다. 그것은 하루 중 어느 때라도 좋을 수 있지만 점심 때에는 좋지 않다. 그때 신체의 내부주기는 낮은 에너지 지점에 접근하기 때문이다.

이제부터 음식에 있는 중요한 뇌영양분을 소개한다. 그리고 그것이 하루 중 어느 시간대이냐에 따라 어떻게 영향을 줄 수 있는지를 볼 것이다.

글루코즈는 뇌세포를 포함한 신체의 모든 세포가 잘 작용하기 위해서 충분히 공급해야 하는 에너지 원천이다. 신체는 탄수화물에서 글루코즈를 쉽게 생산한다. 혈액 속에 있는 글루코즈 측정치는 기억검사의 수행과 대체로 상관된다. 혈액 속의 글루코즈 농도는 뇌가 정상적으로 작용하기 위해서 일정한 범위 내에 있어야 한다. 만약 글루코즈 농도가 너무 낮으면 사람들은 정신적으로 혼미해지거나, 심한 경우에는 죽기까지 한다.

단백질은 아미노산amino acids이라고 부르는 합성물에서 형성된다. 아미노산 또한 뇌가 효과적으로 기능하기 위해서 필수적이다. 뇌는 신경전달 물질을 합성하기 위해서 많은 유형의 아미노산을 필요로 한다. 신경전달물질은 뇌세포가 다른 세포와 의사소통하기 위해서 사용하는 화학물질이다. 타이로신tyrosine이라는 아미노산은 신경전달 물질인 도파민, 노에피네프린, 그리고 에피네프린의 생성에 필수적이다. 위의 신경전달 물질들은 기분, 정신을 차리는 데, 그리고 주의집중하는 데 특히 중요한 뇌화학 물질이다.

예를 들면, 빵과 같이 탄수화물만 있는 식사는 뇌세포에 글루코즈 연료를 제공하고 뇌의 세로토닌 수준을 상승시킨다. 그러나 빵만 먹으면 정신을 바짝 차리게는 하지만 적절한 기억기능에 도움이 되는 다른 신경전달 물질수준은 떨어질 것이다. 탄수화물이 풍부한 '편안한' 음식은 저녁에 적절할 것이다. 그러나 학습하고 공부할 필요가 있는 시간대에는 적절치 못하다. 그래서 말하자면 아직 잠잘 시간이 멀면 탄수화물과 균형을 잡기 위해서 단백질이 있는 식사를 하는 것이 인지수행에 좋다.

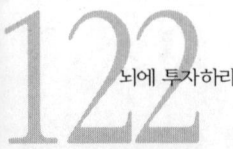

비타민과 뇌

뇌를 보호할 수 있다고 보고된 대부분의 비타민들은 산화방지제(antioxidants)다. 산화방지제는 세포를 산소유리기(oxygen free radical)로부터 보호하는 물질이다. 산소유리기는 짝지워지지 않은 전자가 있는 대단히 잘 반응하는 산소분자 형태이다. 뇌는 많은 양의 산소를 태운다. 또한 뇌는 고도불포화지방산을 많이 포함하고 있다. 사실 지방은 뇌의 2/3를 구성한다. 고도불포화지방산은 특히 산소유리기에 의해서 손상되기 쉽다. 그래서 뇌세포는 특히 산소를 쓰는 스트레스에 취약하다. 그렇기 때문에 논리적으로 볼 때 산화방지제는 뇌에 도움이 될 수 있다.

비타민 E

비타민 E는 뇌가 노화하는 것을 방지하고, 심지어 알츠하이머 질환의 위험을 낮추는 것으로 잘 알려져 있다. (비타민 C는 과거 어떤 연구에서 뇌세포를 유리기로부터 보호하는 것으로 발견되었던 또 다른 산화방지제이다. 최근 연구는 그 효과성에 의문을 던지고 있다.) 비록 연구결과들이 일관되지는 않지만, 어떤 연구에 의하면 혈액 속에 비타민 E 수준이 높은 사람들이 기억검사에서 더 잘 수행하고, 비타민 E를 식사에서 많이 섭취해온 사람들은 인생의 후반부에 더 좋은 인지수행을 나타내는 것과 상관된다. 심지어 비타민 E 보충제가 알츠하이머 질환의 진행을 늦출 수 있다는 연구결과도 있다. 비타민 E의 좋은 공급처는 채소에 있는 오일(oil)이다.

비타민 E가 뇌를 보호하는 역할에 관한 다른 이론에서는 그 비타민이 심장혈관 질환을 방지하는 능력에 초점을 맞추고 있다. 비타민 E는 낮은 강도의 리포 프로테인(LDL), 즉 '나쁜' 형태의 콜레스테롤의 산화를 방지할 수 있다. LDL은 그렇지 않으면 동맥벽에 침전되어 뇌졸중을 일으킬 수 있다.

비타민 B

비타민 B는 산화방지제가 아니다. 그러나 여러 연구에서 혈액 속에 비타민 B 수준이 낮은 사람들 또는 비타민 B를 식사에서 별로 섭취하지 않는 사람들은 기억검사와 추상적 추리력 검사에서 점수가 낮다는 것을 나타내었다. 비타민 B는 많은 종류가 있는데, 그중 뇌유지와 관련해서 가장 빈번히 언급되고 있는 것이 B6, B12와 엽산이다. 엽산은 녹차, 감귤류, 그리고 곡물에 많이 있다. 고기와 생선에는 다른 비타민 B가 많이 있다.

혈액의 비타민 B 농도가 높은 것은, 특히 엽산의 농도가 높은 것은 호모시스테인(homocysteine)의 수준을 낮추는 역할을 한다. 호모시스테인은 심장혈관 질환의 위험을 증가시킬 수 있는 아미노산이다. 어떤 연구들에서는 호모시스테인 수준이 상승된 것과 알츠하이머 질환 간 상관을 나타내고 있다.

생선 : 뇌에 좋은 음식 - 그리고 정신분열증에 대한 치료 중 한 가지?

우리 모두 생선이 '뇌에 좋은 음식'으로서의 특성을 가지고 있다고 들은 적이 있다. 생선이 어떻게 이런 명성을 가지게 되었는지에 대해서는 누구라도 추측할 수 있다. 아마도 그 이유는 생선에 있는 단백질이, 뇌세포가 의사소통할 때 사용하는 화학물질을 합성하는 데 필요한 아미노산을 제공하기 때문일 것이다. 최근 연구 역시 생선에서 발견되는 지방의 종류가 뇌와 신체의 시스템을 보호하는 효과를 지닌다고 제안하고 있다. 이런 연구 중 어떤 것은 생선유의 낮은 수준과 기분장애 간에 관련을 짓고 있다. 우울증, 양극성장애(조울증), 그리고 심지어 정신분열증에도 그런 관계가 있는 것으로 생각하고 있다.

오메가-3 고도불포화지방산

우리는 식사에 있는 지방의 양을 줄여야 한다는 말을 들어왔지만 실제적인 이야기는 그것보다 좀더 복잡하다. 달걀, 버터, 기름기가 군데군데 박힌 스테이크에서 발견되는 콜레스테롤과 과포화지방산은 과잉섭취하면 심장과 심혈관질환을 일으키는 데 영향을 줄 수 있다. 그러나 올리브유에 있는 단불포화지방산이나 카놀라유나 생선유에 있는 다불포화지방산은 그렇지 않다. 다불포화지방산의 한 유형인 오메가-3 지방산은 심장과 뇌를 포함한 모든 신체에서 세포막을 만드는 데 사용된다. 오메가-3은 필수지방산 중 한 가지다. 이는 신체 내에서 합성할 수 없기 때문에 직접 섭취해야 한다. 오메가-3이 충분히 있지 않으면 신체는 세포막을 만드는 데 그렇게 좋지 않은 다른 지방을 사용한다. 그러면서 신경전도와 세포 간 의사소통에 결함이 생기게 된다. 특히 어떤 연구에서는 불충분한 오메가-3이 모노아민의 기능을 방해하는 것을 나타낸다. 모노아민은 무엇보다도 기분을 조절하는 데 중요한 세로토닌, 도파민, 노에피네프린과 같은 신경전달 물질이다.

물론 어떤 문화권에서는 오메가-3 지방산이 많은 식사를 한다. 그러나 대부분의 문화권에서는 그렇지 않다. 사실, 우리의 구석기시대 선조들의 식사에서 오메가-3이 차지하는 비율에 대한 측정치와 비교해 보면, 전형적인 현대인간은 다른 지방산에 비해서 오메가-3을 우리 조상들이 섭취한 것의 몇 분의 1정도 섭취한다. 그렇기 때문에 많은 종류의 연구에서 오메가-3이 뇌졸중, 심장질환, 그리고 기분장애에서 그 위험을 낮추는 데 중요할 것이라는 점을 지적하고 있다. 그래서 많은 의사들과 영양학자들은 이제 오메가-3을 더 많이 섭취할 것을 권장한다. 최근 연구에서는 생선유보충제가 양극성장애와 우울증을 통제하는 데 효과가 있는가를 검증하였으며, 그 결과는 긍정적으로 나왔다.

생선유, 정신분열증, 그리고 인간의 기원

오메가-3과 같은 지방산과 정신분열증을 연결시키는 이론도 있다. 어떤 예비연구에서는 생선유로 정신분열증을 치료하는 데 높은 성공률을 나타내었다.

어떤 연구에 의하면 약 200백 만 년 전에 사람종 호모(Homo)의 뇌크기가 갑자기 증가했지만 뇌가 성장한 후에도 오랜 기간 동안 문화적 침체기였다. 5만 년 전과 10만 전 사이에 문화적인 폭발이 있었는데, 이때 예술, 음악, 종교, 그리고 복지가 시작되었다. 유전적인 증거에 의하면 모든 인간은 10만 년 전에 살았던 공통된 조상을 가지고 있다. 이는 호모사피

언스의 한 작은 집단에 어떤 결정적으로 중요한 이점이 있어서, 그들과 그 자손들이 다른 사람종 모두를 대체했다는 것을 시사한다. 그 중요한 이점은 무엇이었을까? 어떤 사람은 언어유전자일 것으로 제안하였다. 또 어떤 사람들은 우리 뇌 안에 지방의 생화학을 변화시킨 유전적 돌연변이였을 것으로 제안한다. 이 돌연변이로 높은 창의성, 강력한 종교, 그리고 강력한 지도력이 나타났다. 또한 그 결과, 기분장애, 정신병, 그리고 정신병리가 나타났다.

요약하면 그것은 천재유전자 또는 정신분열증 유전자다. 또는 그 둘은 아마도 동일한 것일 수 있다.(아인슈타인, 조이스, 그리고 융과 같은 가계를 포함해서) 정신분열증이 있는 가계에는 높게 성취한 사람, 창의적인 사고자, 천재들이 보통 가계들보다 더 많은 경향이 있다. 구석기시대 이래로 식사의 변화는 정신분열증이 더 자주 발현하는 경향을 만들었다.

어떤 진화이론가들은 이 유전이론을 심각하게 생각하지만, 그 이론은 많은 사람들이 오메가-3이 낮은 식사를 하는데도 왜 그렇게도 적은 사람들만이(1%가 약간 안 되는) 정신분열증으로 발전되는지를 설명하지 못한다.

그래도 당신만은 생선을 먹어라.

기억에 도움이 되는 신경전달 물질

탄수화물에서 나오는 글루코즈는 기억을 돕는 데 더욱 특정한 역할을 한다. 왜냐하면, 그것은 '기억' 신경전달 물질이라고 알려진 아세틸콜린acethycholine의 생성에 필수적이기 때문이다. 뇌는 아세틸콜린을 아미노산인 콜린과 '효소활성화인자'인 아세틸 조효소 Aacetyl-CoA와 결합시켜 만든다. 콜린은 특히, 달걀, 간, 콩과 같은 다양한 단백질 원천에서 나온다. 그러나 아세틸 조효소 A의 원천은 글루코즈이다. 충분한 글루코즈가 없으면 뇌의 아세틸콜린 수준이 너무 낮아서 적절한 기억기능을 하지 못할 것이다. 그렇기 때문에 계속해서 글루코즈를 잘 공급하는 것은 뇌세포에 연료를 제공할 뿐 아니라 기억을 예민하게 하는 데 필요한 아세틸콜린 수준을 높인다.

물론 동일한 식사를 하더라도 사람에 따라 식사에 다르게 반응한다. 그리고 신체유형이 다르면 탄수화물에 대해서 다르게 반응하기 때문에, 모든 사람에게 무엇이 가장 잘 작용하는가 발견하기 위해서는 음식에 대한 뇌반응과 신체반응을 점검할 필요가 있다. 대단히 불안한 사람, 성격검사에서 신경증 점수가 높고 외향성 점수가 낮은 사람들은 다른 사람들보다도 점심식사 후에 덜 나른해지는 경향이 있다. 그들은 정오 때 많이 먹는 것이 실제적으로 진정하는 데 도움이 된다. 그러나 대부분의 사람들에게 가장 좋은 점심식사 형태는 단백질과 탄수화물이 균형잡힌, 소화하기 쉬운 식사다. 많이 먹는다든지 지방이 많은 식사는 소화하기 어렵다. 그러면 영양분을 운반하는 혈액을 뇌에서 끌어간다. 사실, 정오부터 늦은 오후까지 한 번에 많이 먹는 점심보다는 적게 먹는 가벼운 식사를 여러 번 할 때 뇌가 기능을 더 잘 할 것이다.

카페인

적당히 섭취하면 머리를 예민하게 하는 약

카페인은 커피, 녹차나 홍차, 콜라와 같은 많은 멋진 형태로 우리에게 온다. 많은 전문적인 작가들은 강한 커피 한 잔은 아이디어가 잘 나오게 하는 데 도움이 될 뿐 아니라 생각이 꽉 막힌 것을 치유할 수도 있다

고 주장한다. 많은 고용주들은 직원들이 커피를 많이 마시면 지루하고 반복적인 과제를 하는 직원들의 생산성을 높인다는 사실을 알고 있다. 그리고 연구는 두 가지 주장을 지지한다. 단어유창성, 다양하게 쓰기writing expansiveness, 그리고 자유연상을 측정하는 여러 검사결과, 카페인은 사실 창의적인 과제에 도움이 된다는 것을 나타내고 있다.(박스 140쪽을 보라) 또 다른 연구들은 카페인이, 차 운전하기, 우편물 분류하기, 컴퓨터에 입력하기와 같은 결정하기에 단순하고 빠른 반응이 필요한 고도로 훈련된, 반복적인 과제수행을 증진시킨다는 사실을 확인했다. 경이로운 카페인 약간이 이 세계에서 가장 널리 사용되는 향정신성약물이다.

이 모든 것을 생각해 볼 때 자극하고 각성시키는 카페인의 능력은 학습과 기억에도 적용될 수 있다고 가정하는 것이 합리적일 것이다. 그리고 사실 많은 교과서에서는 그렇게 말할 것이다.

그리고 여러 연구에서 카페인이 기분과 동기뿐 아니라 주의를 증진시키고 반응시간을 단축시킴으로써 새로운 정보를 학습하는 데 도움을 줄 수 있다는 것을 나타내고 있다. 카페인이 동기에 영향을 미치는 이유 중 일부분은 그것이 코카인과 암페타민이 기분좋은 효과를 내는 것과 동일한, 도파민 뇌 시스템과 상호작용하기 때문이다. 카페인이 학습하고 수행하기 쉽게 만들 수 있지만, 카페인은 또한 당신이 무엇을 하려고 하느냐에 따라서 당신이 하는 수행을 더 악화시킬 수도 있다.

왕겨에서 밀을 분류하기

과제가 점점 복잡해지면 카페인은 수행에 도움을 주지 못할 것이다. 그리고 그것은 주의집중을 방해할 수 있기 때문에 수행을 더 못하게 할 수 있다. 카페인은 또한 부적절한 것을 무시하면서 중요한 자료를 뽑는 것을 더 어렵게 만들 수 있다. 그렇기 때문에 카페인은 복잡한 문제를 풀기 위해서 현재상태에 기초해서 정보를 계속 추적하고 정보를 이용하는 능력을 방해할 수 있다.

이것들은 작업기억의 모든 요소들이다.('당신 마음의 귀를 사용하기'(43쪽)를 보라) 작업기억은 더 까다로운 과제를 수행하는 데, 그리고 새로운 문제해결 기법들을 배우는 데 중요하다. 작업기억이 더 많이 필요할수록 카페인의 효과는 좋은 쪽에서 나쁜 쪽으로 변한다.

예를 들면, 한 실험에서 어떤 피험자들에게는 카페인을 주고 어떤 피험자들에게는 주지 않았다. 그들 모두에게 2개에서 4개 글자로 된 한 세트 글자들을 기억하고, 글자가 스크린에 깜빡하고 비치면 단추를 누르라고 말했다. EEG 뇌파활동을 기록한 바에 의하면 피험자들이 기억한 글자들을 볼 때마다 독특한 활성화 패턴이 나타났다. 그러나 카페인을 섭취한 피험자들은 스크린에 다른 글자가 깜빡였을 때에도 동일한 뇌활동 패턴을 나타내었다. 다시 말하면 그들의 뇌는 주의를 산만하게 하는 부적절한 자극을 무시하고 적절한 자료에만 주의를 집중하기가 힘들었다.

카페인은 친숙하지 않은 과제를 더 어렵게 만들 수 있다. 그러나 일상적인 것은 더 쉽게 만든다 : 끼워있는 도형찾기 검사

여러 개 중에서 한 개를 선택하는 이와 같은 검사에서 오른쪽 세로줄에 있는 두 무늬 중에서 단 하나에만 왼쪽도형이 포함되어 있다. 어느 것에 포함되어 있는가? 이와 같은 검사에서 카페인은 처음에는 수행을 방해하나 과제가 더욱 친숙하게 되면 수행을 증진시킨다. 해답은 42쪽에 있다.

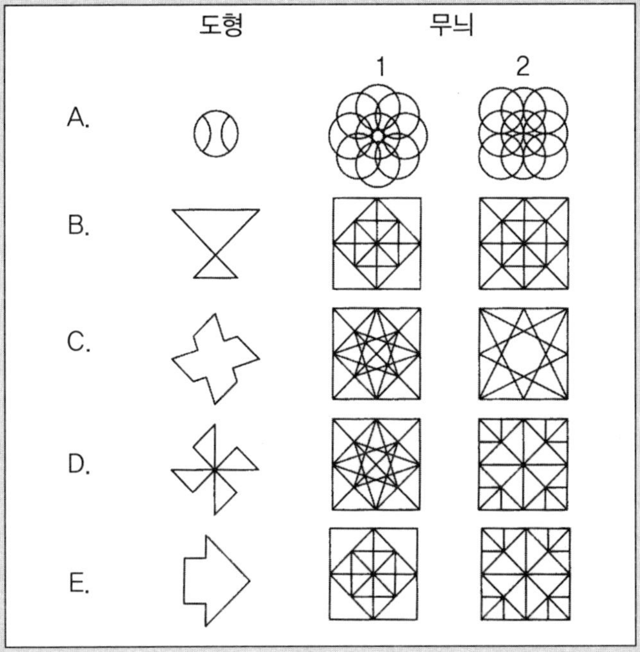

잠에서 완전히 깨어있으면서도 주의를 집중하지 못하는 상태

다른 연구들에서는 카페인이 부적절한 자극에 의해서 주의가 산만해지는 비자발적인 주의를 증가시키면서, 특정자료에 임의적으로 주의를 집중하는 자발적 주의를 방해할 수 있다는 사실을 확증했다. 이런 현상은 당장 해야 하는 과제가 친숙하지 않을 때 특히 해롭다. 비록 카페인이 반응시간을 단축시켜서 초기에는 도움이 될 수 있지만 만약 그 과제가 꽤 단순하고 복잡하지 않다면 과제를 반복하고 더 많이 훈련할수록 커피는 수행에 더 많은 도움을 줄 것이다. 사실, 커피는 우리가 지루해지는 것을 막는 데 도움을 준다. 그러나 만일 그 과제가 좀더 복잡해지면 카페인으로 반응시간이 빨라진 것의 효과는 주의산만으로 인한 주의집중의 결핍으로 상쇄가 된다. 그리고 처음에 증진되었던 수행은 더욱 악화될 것이다.

카페인이 단순한 과제와 복잡한 과제의 수행에

미치는 여러 가지 효과에 대한 다른 예를 보자. 카페인은 '숫자 따라하기' 검사의 수행을 증진시킬 수 있다. 여기에서는 검사자가 3-8-7-9-5와 같은 일련의 숫자를 소리내어 읽어주면 검사받는 사람이 그것을 똑같이 반복해서 말해야 한다. 그러나 '숫자 거꾸로 따라하기' 검사에서는 뒤에서부터 거꾸로 외워야 하는데 — 이 과제는 작업기억을 많이 필요로 하는 과제다 — 카페인은 이 수행을 악화시키는 경향이 있다.

현실세계의 예를 들어 보자. 또 다른 한 연구에서는 사무실 메니저를 대상으로 연구가 이루어졌다. 그 메니저들에게 그들이 보통 때 먹는 커피 양보다 400그램 더 많이(이는 커피 넉 잔을 더 마신 것과 같다) 마시게 했을 때 그들의 반응시간은 증진되었다. 이는 그들이 빠른 반응을 필요로 하는 단순한 과제를 더 잘하도록 도왔다. 그러나 과제가 복잡해지면서 그 메니저들은 기회를 잘 이용하지 못했고 그들의 수행은 쇠퇴했다. 기회를 이용한다는 것은 메니저가 성공하는 데 더 중요한 예측치가 된다. '기회를 이용하기' 위해서는, 진행되는 상태에 기초해서 정보를 이용하면서 결정하고, 잇따라 일어나는 활동들을 점검하고 조직화할 필요가 있다. 이 중요한 유형의 집행적인 사고를 하는데 단순한 반응속도는 별로 유용하지 않다. 그래서 생각하지 않고 결정하는 결과로 말미암아 수행은 더 악화될 수 있다.

카페인은 단순한 과제는 도울 수 있지만 복잡한 과제는 더 힘들게 만들 수 있다

카페인이 과제의 복잡성에 따라서 어떻게 수행을 돕거나 해로울 수 있는가를 보여주는 예가 아래에 나와 있다.

해답은 142쪽에 있다.

(1) 단순한 과제

아래에 있는 글자판을 되도록 빨리 훑어보라. 그리고 1분 동안에 당신이 P를 몇 개 발견할 수 있나 세어라.

(2) 복잡한 과제

2분 동안 이 과제를 마쳐라. 아래에 있는 판을 훑어보고 R, W, C, N이 각각 몇 번 나오는지 세어서 그 네 가지가 나온 수를 전부 다 합치면 몇 개인가?

카페인은 좀더 복잡한 과제에서는 적절한 자료에만 주의를 집중하는 것을 더 어렵게 만든다.

S	D	G	O	M	E	N	T	P	W	L
D	O	U	T	A	Z	X	C	F	R	G
G	R	Q	W	I	N	G	D	K	T	R
H	N	B	V	C	F	E	O	I	P	H	G
Y	P	D	S	W	A	F	X	Z	C	T	R
E	E	G	H	U	I	O	P	L	K	H	G
B	V	N	M	V	C	E	D	X	Z	S
W	Q	A	D	F	E	C	F	G	T	H	Y
U	J	I	K	L	O	P	M	N	B	H	Y
G	T	G	V	F	R	F	C	D	E	S	W
X	Z	A	Q	W	S	D	E	F	G	Y	H
B	U	I	O	P	D	M	P	W	I	A	M	J

카페인 : 작가의 이상적인 약인가?

카페인을 마신 피험자들은 아래와 같은 문장을 완성시키기 위한 방법을 더 빨리 생각해 낸다.

만약 맥스가 매리에게 결혼식 날 바지를 입으라고 부탁하지 않았다면…

큰 개가 여자 화장실로 빠른 속도로 들어왔을 때…

간질을 치료하기 위해서 거머리를 사용하는 문제는…이다.

카페인은 사람들이 아래와 같은 질문에 더 긴 대답을 생각해 내는 데 도움을 주는 경향이 있다.

사람들에게 인터넷으로 투표하게 할 때 어떤 문제가 생길 것으로 당신은 예측할 수 있나?

미국과 캐나다가 일인당 소득이 높은 부유한 나라이지만, 아메리카에 있는 다른 나라들은 왜 비교적 가난한가?

카페인을 마신 피험자들은 다음과 같은 문장을 완성하기 위해서 적절한 단어나 구를 생각해 내는 데 더 빠르다.

우편배달부는 그 편지를 ______ 안으로 넣는다.

샘은 그의 ______에 자신의 열쇠를 넣는 것을 잊었다.

141

뇌운동 : 당신의 학습중독증을 충족시켜라

이것은 숫자 1에서 9를 사용하는 '숫자 끼워 맞추기 수수께끼' 이다. 0은 사용하지 않는다. 그리고 1에서 9까지의 숫자를 한 번 이상 사용할 수 있다. 한 가지보다 많은 방법으로 결합할 수 있을 때는 글자풀이 수수께끼에서처럼 가로, 세로 숫자에서 부가적인 단서를 찾는다. 5분 동안 할 수 있다.

해답은 151쪽에 있다.

1	2	■	3	
■	4	5		■
■	6			■
■	7			■
8		■	9	

138쪽에 대한 해답

P는 7개 있다. R, W, C, N의 개수의 전체 합계는 23개이다.

135쪽에 대한 해답

도형 A, C와 E에서는 세로줄 1이 답이고, 도형 B와 D에서는 세로줄 2가 답이다.

가로로

1. 제곱. 그 숫자들의 합은 그 수의 제곱근과 같다
3. 1번 답을 거꾸로
4. 그 수의 합은 8이다.
6. 홀수다. 첫번째 숫자와 두번째 숫자의 합은 세번째 숫자와 같다.
7. 짝수다. 두번째 숫자와 세번째 숫자의 합은 첫번째 숫자와 같다.
8. 어떤 소수의 제곱
9. 각 자리에 있는 이 두 숫자를 더하면 8번의 소수와 같다.

세로로

2. 홀수다. 그 숫자는 2씩 증가한다.
3. 앞 뒤 어느 쪽에서 읽어도 같은 수. 숫자는 3씩 증가하고 그리고 나서 3씩 감소한다.
5. ABC처럼 쉬운 것

○○일보

학습중독

새로운 기술을 학습하는 데 대해 뇌가 하는 보상

인간 뇌의 자연적인 상태는 학습상태이다. 사실, 뇌에는 새로운 기술을 학습하는 것을 보상하기 위한 선천적인 기제들이 있다. 독일어 단어인 Funktionslust는 대충 '무엇을 하는 것 속에 있는 기쁨'으로 번역될 수 있는데, 이는 살아있는 유기체가 하도록 된 어떤 것을 할 때, 그리고 잘 할 때 얻는 느낌으로 묘사될 수 있다. 고양이에게는 생쥐에게 살금살금 다가가서 생쥐를 잡는 것이 여기에 해당될 것이다. 꿀벌에게는 꽃가루가 가득 있는 꽃을 보고, 냄새 맡고는 집으로 돌아오는 것이 여기에 해당될 것이다. 인간에게는 새로운 것을 학습하고 문제를 푸는 것이 여기에 해당될 것이다.

왼쪽 뇌의 활동은 삶의 긍정적인 전망을 지지하기 위해 작용한다는 데 대한 증거

전전두피질(prefrontal cortex; 뉴런이 밀집해 있는 뇌표면에서 대단히 앞쪽에 있는 뇌부위)은 많은 기능을 다룬다. 여기에는 언어, 미리 계획세우기, 정서로 야기되는 반응을 통제하기가 포함된다. 아마도 문제해결 기술을 필요로 하는 과제를 할 때 왼쪽 전전두피질이 활성화된다는 것은 우연의 일치가 아닐 것이다. 특히 왼쪽 뇌가 많이 활동하는 것에는 언어 퍼즐(크로스워드, 스크래블, 그리고 다른 언어 게임), 그리고 숫자를 조작하는 퍼즐이 포함된다. 이와 같은 활동이, 좋은 기분과 관련된 인접해있는 뇌영역을 자극하는 것으로 보인다. 그 뇌영역의 활동 자체가 복지감을 자극시키는데, 이 복지감은 십자말풀이 퍼즐의 전문가와 일중독자에게서 나타나는 중독행동의 증상들을 설명할 수도 있고 설명하지 못할 수도 있다.

뇌의 다른 쪽과 관련된 과제들

신경과학자들은 또한 전전두피질의 왼쪽, 오른쪽이 서로 다른 정서에 전문화되어 있을 것이라는 것을 발견했다. 몇 십 년 동안 신경학자들은 정서장애를 나타내는 환자들이 상해나 질병으로 전전두피질의 어느 쪽이 손상되는가에 따라서 다른 정서장애를 나타낸다는 사실을 관찰했다. 왼쪽의 손상은 우울과 관련되고, 오른쪽 손상은 조증(주 : 외부현실과 무관하게 기분이 고양되는 증상)으로 나타내는 행복감과 관련되었다. 그런 종류의 관찰에 기초해서 신경학자들은 오른쪽 대뇌반구는 슬픔과 공포에 전문화되어 있고, 왼쪽 대뇌반구는 행복감과 열광하는 데 전문화되어있다고 가정하였다.

최근의 뇌영상 연구에서는 전전두피질의 왼쪽에서 일어나는 활동은 긍정적인 정서와 관련된다는 것이 확인되었다. 다른 연구에서는 현대의 뇌주사기법을 사용하여 우울증상을 가진 사람들은 다른 사람들보다도 왼쪽의 전전두피질활동이 적다는 것을 나타내었다.

도파민은 뉴런의 의사소통을 돕고 좋은 기분을 만드는 화학물질

정신적 운동과 기분 간 연결은 변연계limbic system에서 생성되는 신경전달 물질에 있다. 변연계란 정신을 바짝 차리게 하고 행동을 자극하는 오래된 뇌구조들의 집합체로, 더욱 최근에 진화한 피질 아래에 놓여있다. 실험실동물과 인간에 대한 연구에서 나타난 결과에 의하면, 뇌가 새로운 것을 만나면 편도체에 도파민이라는 신경전달 물질의 수준이 증가했다. 편도체는 변연계에 속하는 뇌구조물 중 하나로, 이는 뇌에게 새로운 자료에 정신을 바짝 차리도록 준비시키는 뇌구조물이다.

도파민은 복지감을 준다. 그래서 무엇으로 인해 도파민이 생성되었건 도파민은 보상을 제공한다. 그렇기 때문에 도파민은 학습의 초기단계에 관련되는 것으로 보인다. 이때 뇌는 환경에 주의를 기울일 가치있는 새로운 상황에 부딪히게 된다.

도파민 수준은 뇌가 자료를 충분히 오래 간직하

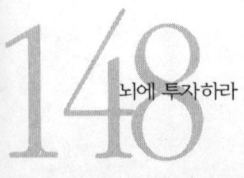

여 문제를 해결하거나 미리 생각하고 있는 목표를 달성하기 위하여 새로운 자료가 그 목표달성에 어떤 역할을 하는가 평가하기 위해서 작업기억 과제에 몰두할 때 전전두피질에서 높아진다. 최근의 한 연구에서 연구자들은 상승된 도파민 수준이 학습곡선과 일치한다는 사실을 발견했다. 빠른 가파른 학습곡선일 때는 도파민이 빠르게 상승하였으나, 오래 걸리는 느린 학습일 때는 천천히 오랫동안 도파민 수준이 상승하였다.

학습과제가 새롭고 도전적인 한, 높은 도파민 수준은 오래 유지되는 것으로 보인다. 어떤 기술을 일단 학습하고 그것을 행동으로 여러 번 나타내어 판에 박히고 예측가능하게 되면, 뇌는 더 이상 그것을 수행하는 데 보상하지 않는다. 그것이 왜 많은 사람들이 반복적인 판에 박힌 일을 수행할 때 동기와 주의를 유지시키기 위해서 카페인과 같은 자극제를 마실 필요를 느끼는가('카페인'(131쪽)을 보라) 그 이유가 될 것이다.

중독물질과 뇌의 자연적인 보상 시스템 간 연결

뇌에 필요한 자극이 부족하면, 보상 시스템을 활성화시키기 위해서 다른 방법으로 보상을 찾으려고 할 것이다. 이와 같은 것은 지적인 박탈이나 정서적인 박탈로 인해 알코올이나 다른 약물을 남용할 때 일어날 것이다. 어떤 실험에서는 정신적인 퍼즐을 성공적으로 해결하는 것이 도파민 수준을 높일 뿐 아니라 테스토스테론 testosterone이라는 호르몬 수준도 높인다는 증거를 나타내고 있다. 테스토스테론 수준의 상승은 주관적으로 좋은 기분을 느끼게 하는 효과를 낸다. 상승된 테스토스테론 수준이 항상 난폭한 행동을 일으키지는 않지만 난폭한 행동은 테스토스테론 수준을 높인다. 그런 점에서 소년과 젊은 사람들이 난폭해질 때 그들은, 지적으로 충족되지 않는 환경에서 부족한 테스토스테론 방출을 추구하고 있을 것이라고 생각해 볼 수 있다.

난폭하든 평화적이든 생존과 관련된 행동을 강

화시키는 보상 시스템에는 항상 뇌화학 물질이 포함된다. 사람들이 약물에 중독되는 이유 중 한 가지는 그런 약물에 보상 시스템에 있는 분자구조와 비슷한 분자가 포함되어 있기 때문이다. 니코틴, 코카인, 알코올, 헤로인 모두 도파민 수준을 높인다. 그래서 문자 그대로의 퍼즐을 하든 은유적 의미에서의 퍼즐을 하든 퍼즐을 하는 것도 도파민 수준을 증가시킨다. 이때 뇌는 새로운 자료를 다루고 새로운 해결책을 제안할 필요가 있다. 문제를 해결하거나 새로운 것을 학습하면 뇌에 좋을 뿐 아니라 우리에게 좋은 기분을 느끼게 한다. 그것은 전혀 법에 저촉되지 않는다. 그리고 현재로는 그것에 세금을 내지 않아도 된다.

(1) 8	(2) 1		(3) 1	8
	(4) 3	(5) 1	4	
	(6) 5	2	7	
	(7) 7	3	4	
(8) 4	9		(9) 1	6

142쪽에 대한 해답

니코틴이 어떻게 학습과 기억에 영향을 미치는가

연구자들이 알츠하이머 질환에 어떻게 대항해야 하는가를 알아내기 위해서 시도하는 한 가지 방법은 많은 사람들을 여러 해에 걸쳐서 연구하는 종단적(longitudinal) 연구이다. 그 연구자들은 그런 사람들이 어떻게 사는가, 즉 그들이 무엇을 먹는가, 그들이 알코올을 마시는가 아닌가, 그들이 어떤 종류의 직업을 가지는가 등등을 자세히 조사하여 그 후 알츠하이머 병에 걸리는가 아닌가와 관련지운다. 그런 후 그 연구자들은 어떤 패턴을 찾는다. 예를 들면, 금주하는 사람들이 알코올을 약간 마시는 사람들에 비해서 더 높은 비율로 알츠하이머 병에 걸리는가? 만약 그렇다면 아마도 알코올에는 보호하는 효과가 있을 것이다. 등등….

이런 연구에서 나온 한 가지 재미있는 발견은 담배를 피우는 사람들이 담배를 피우지 않는 사람보다도 알츠하이머 병에 덜 걸리는 것처럼 보인다는 사실이다. 왜 그럴까? (그들이 더 젊어서 죽기 때문은 아니다. 나이는 연구자들이 통제하는 변인 중 한 가지이다.)

지난 5년에 걸쳐서 행해진 많은 실험실 연구는 니코틴이 뇌에 이로울 수 있는 방법을 지적하고 있다. 실험실 쥐에게 미로에서 먹이를 찾아내게 하는 과제를 실시한 후, 그 실험실 쥐에게 니코틴을 주사한 결과 작업기억이 증진되었다. 그 쥐의 장기기억도 향상되었다. 그 쥐들은 이미 학습한 것을 실험 후 하루나 이틀 후 더 잘 기억했다.

니코틴이 뇌에 영향을 주어 학습과 기억을 향상시키는 데 여러 가지 방법이 있다는 것이 실험에서 나타나고 있다. 첫째, 니코틴은 아드레날린 수준을 증가시킨다. 아드레날린은 다시 혈류 안으로 글루코즈 방출을 자극한다. 아드레날린은 뇌가 정신을 바짝 차리도록 하고, 글루코즈는 뇌세포에 연료를 제공한다. 니코틴은 또한 췌장에서 인슐린이 방출되는 것을 억압한다. 그래서 혈당수준을 더욱 높인다. 물론 니코틴은 신경전달 물질인 도파민 수준도 높인다. 도파민은 뇌에서 자연적으로 생성되는 '쾌를 일으키는' 화학물질로, 코카인과 헤로인과 같은 약물에 의해서도 상승된다. 도파민은 기분과 동기를 증진시킨다.

더욱 중요한 것으로, 니코틴은 특정한 기억을 증진시키는 효과를 가지고 있다. 이는 다른 중독약물과는 차이가 나는 것으로, 다른 중독약물과는 달리 알츠하이머 병을 퇴치하는 데 유용한 효과를 가질 가능성이 있다. 니코틴은 학습과 기억에 결정적으로 중요한 뇌 시스템에 있는 수용기와 결합한다. 특히 '기억' 신경전달 물질인 아세틸콜린(acetylcholine)과 상호작용하는 아세틸콜린 시스템에 있는 뉴런 수용기와 결합한다.(다른 연구들에서는 알츠하이머 환자의 뇌에는 아세틸콜린 수준이 낮은 경향이 있다는 것을 나타내고 있으며, 이 질병으로 아세틸콜린 시스템에 있는 뉴런들이 손상된다는 것을 나타내고 있다) 그리고 니코틴은 또한 글루타메이트(glutamate)라는 신경전달 물질의 수준을 높인다. 이 신경전달 물질은 적절한 기억기능에 결정적으로 중요하다.

니코틴이 남성의 불감증영역에서도 중요한 역할을 하는 것으로 보인다. 어바인 소재 캘리포니아 주립대학에 있는 연구자인 토미 텡즈(Tamy Tengs)와 나타니엘 오즈굳(Nathaniel Osgood)은 최근 불감증에 관해 출판된 문헌들을 개괄한 후, 미국 전체 남성의 28%가 담배를 피우는데, 불감증인 사람 중 40%가 담배를 피우는 사람들이라는 결론을 내렸다.

세계 여러 실험실에서 연구하는 사람들은 니코틴이 뇌(중독의 기저가 되는 뇌영역을 포함하여)와 신체의 다른 부분에 미치는 해로운 효과는 없으면서 이로운 기억효과만 지니는 니코틴 대용물질을 만드느라 바쁘다.

멸시받는 감각

냄새가 어떻게 기억에 영향을 미치는가

냄새와 기억이 밀접히 관련된다는 사실은 잘 알려져 있다. 물론 프로스트Proust의 마들렌느madeleine 경험에 대해서 들은 적이 있을 것이다. 해설자가 라임꽃 차 한 잔에 마들렌느 쿠키 한 조각을 담그면서 과거에 대한 기념비적인 회상이 시작된다. 향기가 즉시 그를 소년시절로 데리고 갔으며, 그리고 그 긴 회상의 사슬이 3,300쪽에 달하는 이야기가 된다. 그러나 냄새가 기억을 자극할 수 있다는 점을 알기 위해서 우리가 꼭 작가가 되어야 할 필요는 없다. 우리 모두 냄새가 자신도 모르게 너무나 생생한 기억을 떠올려서, 말 그대로 오래 전에 지난 그 경험을 다시 겪고 있는 것 같은 경험을 할 수 있다.

냄새라는 이 감각은 더 이상 미적인 사치품이 아니다. 연구자들은 냄새가 동물에게 중요할 뿐 아니라 인간에게도 중요하다는 데 대한 강력한 실마리를 발견했다. 뇌의 냄새중추인 후각망울olfactory bulb은 일생 동안 세포가 재생되는 것으로 증명된 거의 유일한 뇌영역이다. 다시 말해서 우리의 뇌에 있는 냄새중추는 나이가 들더라도 계속 뉴런이 새로 보충되기 때문에 뇌의 다른 부분에 비해서 특별한 위치를 차지하고 있는 것으로 보인다. 이는 마치 상어가 이를 잃게 되면 새로운 이가 계속 자라는 것과 같다. 그렇다면 냄새를 탐지하는 우리의 능력에는 무언가 중요한 점이 있다고 가정하는 것이 합리적일 것이다.

모든 동물에서 이 진화적으로 오래된 감각은, 생존과 관련된 많은 기술인 음식을 탐지하는 것, 위험을 경고하기, 성적으로 수용적인 짝을 알아차리기에 중요하다. 정말로 후각이 상실된 사람, 즉 냄새를 맡지 못하는 사람들은 그들의 뇌에 있는 후각중추가 가스 냄새, 불 또는 썩은 음식의 냄새와 같은 위험을 경고할 수 없기 때문에 상해, 병, 죽음과 같은 위험에 처할 수 있다.

뇌에서 우리의 후각 시스템은 다른 감각에 비해서 기억이나 정서와 직접적으로 연결되어 있다. 우리의 정서중추인 편도체, 그리고 기억중추인 해마는 뇌에서 진화적으로 오래된 변연계의 일부분이다. 이 뇌중추들이 밀접히 상호연결되어 있어 냄새, 기억, 그리고 정서 간에 밀접한 관련이 있게 된다.

냄새를 묘사하기

그와 대조적으로 후각계와 언어중추 간 연결은 약하고 간접적이다. 갓 빻은 원두커피의 냄새를 묘사하거나 잘 익은 치즈의 퀴퀴한 냄새를 묘사해 봐라. 단순히 '더러운 양말' 또는 '생선냄새' 와 같은 비슷한 다른 냄새로 언급하지 않으면 또는 다른 감각영역에서 온 용어인 '날카로운', '달콤한' 과 같은 단어를 사용하지 않고는 묘사하기 대단히 어렵다.

우리가 사용하는 냄새단어가 그렇게 빈약하다는 사실로 냄새가 중요하지 않다고 해석하면 안 된다. 그보다 냄새는 분석하고 명확하게 말하기 어려운 감각이지만 강력한 감각이다. 경험이나 어떤 지식이 장기기억에 새겨지도록 확실하게 하는 한 가지 방법은 거기에 정서를 불어넣는 방법이다.('쉬운 방법으로 학습하기' (33쪽)를 보라) 그것은 자연적으로는 섬광기억flashbulb memory이라는 형태로 나타난다. 이 기억은 정치적 지도자의 암살이나 친구의 죽음과 같은 뉴스를 듣는 것과 같은, 정서가 강한 경험에 대한 기억이다. 그런 경우, 정서적 요소로 말미암아 뇌가 기억을 장기저장하기 위해 필요한 연습과 반복을 필요로 하지 않게 한다.

기억증진 기술 중 어떤 것은 정서적인 차원을 이용한다. 세일즈맨들은 흔히 어떤 사람의 이름을 떠올리려고 할 때 단서로 작용할 수 있는 어떤 물건을 생각함으로써 그 사람의 이름을 기억하는 요령을 사용한다.(예를 들면, 'Burns' 라는 이름을 가진 사람을 기억하기 위하여 난로 불꽃을 단서로 하여 그 사람에 대한 기억을 떠올릴 수 있다) 그리고 나서 그 불꽃 이미지를 그 사람 얼굴의 두드러진 어떤 특징과(타오르는 불꽃 속에서 올라가고 있는 숱이 많은 눈썹) 시각적으로 연합시킨다. 만약 당신이 정서적인 요소를 더하면(예를 들어, 고통의 비명소리) 그 이미지는 자연적으로 당신의 기억에 더욱 강하게 새겨진다. 그러면서 그 방법은 더욱 효과적인 것으로 된다.

제6감에 대한 증거 : 페르몬과 서골비기관

동물들이 의사소통하는 방법 중 한 가지는 페르몬을 통해서 이루어진다. 페르몬이란 동물이 분비하고 같은 종의 다른 동물이 탐지하는, 공기에 떠다니는 화학물질이다. 페르몬은 그것을 감지하는 동물의 성행동, 부모행동, 사회행동에 영향을 준다. 예를 들어, 안드로스테론(androsterone)이라는 호르몬은 수돼지가 분비하여 공기 중에 발산되는 것으로, 이는 암돼지에게 자동적으로 교미자세를 취하게 만든다. 분명히 향수와 콜론 제조자들은 비슷한 효과를 인간에게 나타내는 합성물질을 찾아내고 싶어한다. 그러나 많은 연구자들은 최근까지 인간의 뇌는 우리의 감각으로부터 페르몬으로 전달되는 메시지를 받는 데 필요한 수용기를 상실했다고 주장해왔다.

동물에서 페르몬을 탐지하는 데 전문화된 것으로 보이는 기관이 있다. 인간에게는 이 기관을 서골비기관(vomeronasal organ; VNO)이라고 하는데, 이는 콧구멍에서 1인치 위에 있는 작은 구멍에 의해서 비강으로 연결되어 있다. 그 기관은 두드러지지 않아서 18세기까지 발견조차 되지 않았다. 그 후 오랫동안 인간의 서골비기관은 진화하면서 그 기능이 사라진 흔적기관인 것으로 생각되었다. 그래서 페르몬은 인간행동에 더 이상 중요한 역할을 할 수 없다고 생각된 것은 일리가 있다.

더 최근에 나온 증거에서 서골비기관이 인간에게 온전하게 있고 기능을 하고 있다는 사실이 나타났다. 그래서 페르몬으로 전달되는 신호가 뇌에 전달되어 효과를 나타낼 것이다. 아마도 함께 사는 여성들의 월경주기를 종종 같아지게 하는 것이 바로 페르몬일 것이다. 어떤 페르몬은 배란 전에 분비되고 그것에 노출된 여성의 월경주기를 짧게 한다. 또 어떤 페르몬은 배란기 동안 분비되고 월경주기를 길게 한다. 널리 인용되는 한 실험에서 연구자들은 여성의 겨드랑이에서 약간의 땀을 채취했다. 겨드랑이는 페르몬이 분비되는 곳이다. 그리고 그 땀을 다른 열 명의 여성의 코 아래에 문질렀다. 3개월 이내에 그 여성들은 그 땀의 주인과 동일한 시기에 월경하게 되었다.

여성들이 자신의 월경주기가 생식단계에 있느냐 아니냐에 따라서 남성의 페르몬에 다르게 반응할 것이라는 데 대한 증거도 있다. 여성들은 남성 페르몬인 안드로스테론(수퇘지 페르몬이 남성에게서도 분비된다)을 월경주기의 초기나 마지막에 비해서 월경주기의 생식단계에 있을 때, 즉 배란기 근처일 때에 더욱 기분좋은 냄새로 평가한다. 그리고 안드로스테론은 여성이 그것을 알아차리든 알아차리지 못하든 간에 여성의 행동에 영향을 미칠 것이다. 한 실험에서 연구자들은 페르몬을 치과 대기실에 있는 의자 하나에 스프레이로 뿜었다. 그리고 남성보다는 훨씬 많은 여성이 그 의자를 선택한다는 사실을 관찰했다.

인간 성행동에 대한 냄새의 영향에 대한 가장 재미있는 증거 중 하나는 여성의 냄새선호에 대한 조사에서 볼 수 있다. 여성들은 자신의 유전적 프로파일과 보완적인 것을 가지고 있어 건강한 자식을 낳을 수 있는 남성의 냄새를 선호한다. 또 다른 최근 연구는 여성들이 비대칭적인 얼굴이나 신체를 가진 남성보다 '대칭적인' 남성을 선호한다는 증거와 연결시킨다. 아마도 비대칭적인 남성은 그 사람의 수명, 생식력, 건강에 좋지 않은 결함을 더 많이 가지는 데 대한 어떤 표식이 될 수 있다. 믿든 믿지 않든 여성들은 단지 냄새만으로 남성의 대칭을 확인할 수 있는 것으로 보인다. 이 연구에서 여성들에게 남성의 T셔츠를 주면서 냄새를 맡게 했을 때 배란기 가까이 있는 여성들은 대칭적인 남성이 입었던 T셔츠의 냄새를 선호했다. 월경주기의 다른 시기에 있을 때 또는 피임약을 먹고 있는 여성은 그런 선호를 나타내지 않았다.

냄새 맡는 것이 우리의 행동에 영향을 미칠 수 있다

우리는 잘 기억하도록 하기 위해서 정서를 사용할 수 있다. 냄새는 어떤가?

어떤 실험들은 기억과 학습에 영향을 주기 위해서 인위적으로 냄새를 사용하는 방법을 제시하고 있다. 한 연구에서는 일단의 어린이들에게 실제로는 풀 수 없는 퍼즐을 주어 그 어린이들이 어떻게 하더라도 해결할 수 없는 퍼즐을 풀도록 하면서 어떤 특정한 냄새를 맡게 했다. 실험자들은 그 어린이들에게 그 후 해결할 수 있는 다른 과제를 주어 풀게 했을 때 그 냄새를 작은 양 나게 했다. 그런데 이전의 그 어린이들은 그 냄새에 노출되지 않았던 어린이들보다 과제를 더 못했다. 그 냄새는 실패를 기대하게 자극했으며, 그 어린이의 뇌에 있는 의식적 문제해결 영역이 성공적으로 해결할 수 있느냐 없느냐에 관계없이 그 어린이들은 기대대로 실패했다.

또 다른 연구에서는 프로스트가 마들렌느의 냄

새를 맡자 물밀듯이 밀려오는 기억을 회상한 것처럼, 냄새를 기억에 대한 단서로 사용하는 것을 탐색했다. 한 실험에서는 어떤 냄새를 나게 하면서 피험자에게 정서를 일으키는 그림들을 보여주었다. 그리고 다른 그림에 대해서는 다른 냄새를 나게 했다. 그 냄새들은, 시각자극이나 언어자극, 촉각자극, 음악자극이 그 그림과 함께 제시될 때 그랬던 것처럼 그 그림들을 잘 회상하도록 도왔다. 그런데 냄새자극은 그 그림이 원래 일으켰던 정서들을 더 잘 다시 경험하게 했다.

우리의 뇌는 우리가 냄새맡는 것을 의식하지 못하는 냄새에도 반응한다

이런 종류의 실험에서는 우리가 냄새를 의식하든 못하든 냄새는 우리의 뇌와 행동에 영향을 줄 수 있다는 것을 나타내고 있다. 사실, 공기 중에 떠 있는 화학물질은 그 냄새를 우리가 의식하지 않아도 우리의 행동에 영향을 준다는 것은 잘 기록된 사실이다.(160쪽 박스를 보라) 연구자들은 최근에 뇌주사 영상을 통해서 편도체, 해마, 시상과 같은 뇌구조물들은 피험자가 공기 중에 있는 화합물을 의식하지 못할 정도로 낮은 농도에서도 그 화합물에 반응한다는 것을 나타내고 있다.

종종 우리가 냄새를 의식하지 못한다는 데 대한 또 다른 지표가 있다. 냄새는 묘사하기 어려울 뿐 아니라 그것에 언어로 명칭을 붙이기 어렵다는 것은 잘 알려져 있다. 우리는 종종 어떤 냄새가 나는 물건이 무엇이라는 것을 알아차리지 못하면서 그 냄새가 친숙하다는 경험을 한다. 반면, 어떤 물건을 볼 때, 그것이 무엇인가 알아차리면 그것의 이름을 붙이는 데 그런 어려움이 없을 것이다. 이와 같이 '코끝에서 알 것 같으면서 생각나지 않는' (tip-of-the nose) 현상은 냄새가 친숙하다고(또는 위험한 것이라고) 알아차리는 뇌 시스템과 그 냄새가 나오는 물건에 이름을 붙이는 언어로 의식이 되게 알아차리는 뇌 시스템과는 서로 다르다는 것을 나타낸다. 사실, 연구자들은 냄새를 의식이 되게 확인하는 능력은 어린시절 늦게 발달하며 성인기 초기에 최대로 발달하고 나이가 들면서 쇠퇴한다는 사실을 발견했다. 그런데 이 능력은 냄새가 친숙하다는 것을 알아차리거나 냄새가 서로 다르다는 것을 알아차리는 능력과는 무관하다.

알츠하이머 병과 냄새에 대한 감각

그렇기 때문에 어린이들과 나이든 어른들은 성인기 초기에 있는 사람에 비해서 어떤 냄새에 이름을 붙이는 것이 더욱 어렵다. 최근에 행한 어떤 연구는 정상이 아닌 나이든 성인들에게서 다른 변화들이 나타나고 있다는 것을 보여주고 있다. 그리고 그 변화들은 초기치매의 신호가 될 수 있다. 대략적인 검사로, 후각예민성이 가장 많이 상실된 나이든 사람들은 특히 알츠하이머 병에 대한 위험이 있는 것으로 보인다. 한 연구에 의하면 그 사람이 냄새식별 능력이 쇠퇴한 것을 모른다면 그럴 위험이 특히 더 크다.

냄새감각이 쇠퇴하거나 완전히 사라지는 데 대한 가능한 이유가 많다. 후각에 결함이 있는 나이든 알츠하이머 환자에게서 두 문제(즉, 후각상실과 치매) 간 연결은 대단히 단순하게 보인다. 후각망울(주 : 후각을 처리하는 뇌부위) 외에 뇌의 다른 영역인 해마는 뉴런이 재생하는 영역이다. 해마는 기억중추로서 후각중추와 밀접히 연결되어 있고 종종 알츠하이머 환자에게서 손상되는 뇌구조물이다. 그래서 알츠하이머 병과 냄새 맡는 능력이 비정상적으로 감퇴하는 것 둘 다, 뇌의 뉴런재생 능력이 상실된 것과 관련될 수 있다.

서류철 속으로

중요한 작용을 하는 꿈

꿈은 학습에 결정적인 역할을 한다

우리 인간은 마음대로 자게 했을 때 인생의 1/3을 잠자면서 보낸다. 우리 가운데 많은 사람들이 수면을 시간낭비로 생각하면서, 덜 자고 더 많이 일한다면 우리가 더욱 생산적으로 일할 수 있을 것으로 믿는다. 어떤 대학생들과 활기찬 젊은 도시의 전문가들 중에는 하룻밤에 8시간 잠자는 것을 거의 수치스럽게 여긴다. 마치 나약함, 게으름, 방종을 인정하는 것처럼 여긴다.

그렇지만 실제로 생산성에 해로운 것은 수면부족이다. 점점 많은 연구들이 새로운 지식을 습득하고 새로운 기술을 배우는 데에 적절한 수면이 절대적으로 필요하다는 것을 나타내고 있다. 가장 최근에 행한 연구에 따르면, 새로운 경험들이 장기기억으로 가장 잘 전환되는 데 필요한 것은 얼마만큼의 수면이 아니라 밤에 8시간 동안 좋은 수면을 취하는 것이다. 수면연구자들은 정확히 수면의 어떤 단계가 학습의 어떤 측면에 중요하다는 데 대한 증거를 찾아내었다. 그리고 그런 연구는 우리가 잠을 자는 이유에 대해 재미있는 이론들을 제안하고 있다.

수면, 꿈, 그리고 새로운 기술을 학습하기

수면이 새로운 기술을 학습하는 데 중요한 역할을 하는 것을 나타내는 가장 초기의 증거 중 하나는, 1970년 파리 대학에 있는 뱅상 블로흐Vincent Bloch의 실험실에서 나왔다.

블로흐는 쥐에게 미로를 달리는 과제를 학습시켰을 때 그 쥐들이 취한 REM 수면의 비율이 증가한 것을 발견하였다. 빠른 눈동자움직임rapid eye movement 수면, 즉 REM 수면은 우리가 꿈꿀 때의 수면단계이다.

다른 연구자들에 의하면, 사람들에게 REM 수면을 박탈하는 것은 그 사람들이 그 전날 일어난 사건을 회상하는 것을 더 힘들게 만들었다. REM 수면을 박탈하기 위해서 그 사람의 EEG(주 : 뇌파 또는 뇌전도라 한다)를 측정하면서, EEG에서 그들의 뇌가 REM 수면상태에 들어간 것을 나타낼 때마다 그 사람들을 깨워서 REM 수면을 박탈한다.

대단히 최근 실험에서는 초기연구에서는 이용할 수 없었던 정교한 기법을 이용했는데, 이 실험에서는 REM 수면 동안 뇌의 뉴런들이 그 날 학습과제를 수행했던 때와 동일한 패턴으로 신경충동이 발화하는 것을 나타내었다. 그래서 꿈을 꾸면서 낮에 한 학습경험들을 실행하여 그 경험들을 우리의 지식저장고에 더 잘 새기는 것이다. 또한 이 과정을 방해하면 새로운 지식을 뇌에 저장하는 것을 방해하는 것으로 보인다.

블로흐는 미로를 달리는 과제가 실험실 쥐에게서 REM 수면을 증가시키는 것을 관찰했는데, 미로를 달리는 이런 과제는 선언적declarative 학습의 일종으로, 이

범주에는 우리가 의식적으로 아는 지식과 기억이 포함된다. 쥐가 미로를 달리는 기술의 경우, 그런 특정한 종류의 학습을 일화기억episodic memory이라고 한다. 이는 어떤 특정한 시점에 어떤 특정한 장소에서 어떤 특정한 것을 하는 것에 대한 기억이다. 선언적 기억의 또 다른 종류는 의미기억semantic memory이라고 하는데, 이는 영국의 첫번째 수상이 누구였나, 일차 세계대전이 언제 끝났는가와 같은, 사실에 대한 기억이나 의식이 되는 지식conscious knowledge에 대한 기억이다.

수면, 노화, 그리고 인지적 감소

여기에 보고된 연구에서는 우리가 무언가 새로운 것을 학습한 후 그날 밤에 충분한 수면을 취하지 않는다면 효과적으로 학습할 수 없다는 것을 나타낸다. 당신이 어떤 것을 학습하려고 하기 전에 밤잠을 자지 않는 것은 어떤 효과를 나타내는가?

수면박탈은 작업기억(working memory; WM)이 다루는 문제해결과 같은 '고등한' 사고기술에 가장 명백한 효과를 나타낸다. 이런 기술은 나이가 들면서 쇠퇴하는 경향이 있는 전두엽에 의존하는 기술이다. 최근에 이루어진 한 연구에서 작업기억 과제에서 잠자지 않은 젊은 성인의 수행은 수면을 박탈하지 않은 60대 사람들의 수행과 거의 같았다.

우리 모두 나이가 들면서 밤에 잘 자는 것이 어렵다는 사실을 안다. 이 사실이 나이든 사람 중에서 전두엽에 기초한 작업기억 기술이 감소하는 것을 설명할 수 있을까?

어떤 연구자들은 그렇다고 생각한다. 시카고 대학의 수면 연구자인 이브 반 코터(Eve Van Cauter)는, 남자들은 청년기 때 서파수면이 최고에 달하고, 그리고 나서 50세가 될 때까지 계속 감소하는데 50세가 되면 대부분의 사람들은 서파수면(주 : 깊은 수면 때의 수면단계)을 거의 취하지 못한다고 결론

내렸다. 그 연구자는 서파수면 동안 뇌가 인간성장 호르몬(Human Growth Hormone; HGH)을 분비하는데, 이 호르몬은 뇌세포를 유지시키는 것을 돕는다고 결론내렸다. 중년이 되면 뇌는 뉴런을 보호하는 이 중요한 호르몬을 덜 분비한다. 동시에 나이가 들면서 스트레스 호르몬 수준이 증가한다. 스트레스 호르몬 수준이 증가하고 성장 호르몬 수준이 감소하는 것이 뇌를 황폐하게 만들 것이다. 여성들이 밤에 취하는 서파수면은 폐경이 될 때까지 변함없이 계속되는 것으로 보인다. 비록 그들의 성장 호르몬 수준은 수면주기에 덜 의존하는 것으로 보이지만 그렇다.

수면연구가들의 목표는 서파수면을 촉진시키고 — 아마도 그러면서 — 뇌의 노화를 늦추는 수면제를 만들어 내는 것이다.

잠을 적게 잘 때 또는 나이가 많아지면서 수행하기가 더 어려워지는 종류의 과제가 여기에 제시되어 있다.

전두엽사고 검사 #1

목록에 있는 각 단어에 대해서 당신이 생각할 수 있는 한 적절한 동사를 많이 대라. 예: 사과 – 깨물다, 먹다, 씹다, 광내다.

각 단어에 대해 일 분 동안 해라.

칼

구두

컵

게임

영화관

기준

젊은 성인(19~27세): 30개 동사

중년(55~64): 22개 동사

나이든 성인(66~85): 16개 동사

수면박탈된 젊은 성인: 22개 동사

(Harrison, Horne과 Rothwell, 2000에 기초한 것임)

전두엽사고 검사 #2

각각의 불완전한 문장을 완성하는 데 사용할 수 있는 명백한 단어가 있다. 예를 들면, 만약 당신에게 "그 편지를 ___없이 우편으로 보냈다."라고 하는 불완전한 문장을 주면, 그것을 완성시키는 명백한 단어는 우표다. 그렇기 때문에 당신은 그것과 다른 — 예를 들면 조심성, 봉투와 같은 — 단어로 그 문장을 완성해야 한다.

블리흐 선장은 침몰하고 있는 ___에 머물러 있기를 원했다. (배)

그들은 그들이 ___ 빨리 갔다. (할 수 있는 한)

그 낡은 집은 ___ 앉을 것이다. (내려)

대부분의 고양이들은 ___ 대단히 잘 볼 수 있다. (밤에)

당신이 ___ 때는 그것을 인정하기 어렵다. (잘못했을)

마릴린은 그 일이 ___ 것이 기뻤다. (끝난)

그녀의 일은 ___쉬웠다. (대체로)

당신이 자러갈 때 ___를(을) 끄라. (불)

그 게임은 ___ 시작할 때 연기되었다.(비오기)

그 논쟁은 제삼 ___에 의해서 해결되었다. (자)

(Bloom과 Fischler, 1980에 기초를 둔 것임)

수면의 다른 단계는 다른 종류의 학습에 중요하다

1994년 『사이언스Science』 잡지에 실린 한 논문에서 아리조나 주립대학교의 두 연구자는 수면의 다른 단계들이 학습에서 하는 역할에 대한 증거를 제시했다. 우리가 잠을 자기 시작하여 얼마 지나지 않아 우리의 뇌는 정상적으로 '서파' slow-wave수면 단계에 들어간다. 이 수면에서는 델타파라라고 알려진 저주파가 특징적으로 나타난다. 선언적 기억을 만드는 데 관련되는 뇌구조물인 해마가 (그날 겪은 경험의 기록을 재생하면서) 활동적일 때가 바로 이 서파수면 동안이다. 이 서파수면 기간은 해마에서 피질로 고빈도로 한바탕 신경활동이 가면서 끝난다. 해마가 정보를 피질로 보내고 있는 것으로 보이며, 그래서 그 기억이 영구적으로 피질에 저장, 즉 '응고화' 될 수 있을 것이다. 다른 말로 하면 해마로부터 피질로 가는 의사소통이 일어나서, 그 결과 안정적인 장기기억이 형성되는 것이 바로 이 서파수면 기간 동안이다. 일단 그 지식이 피질로 전이되고 나면 REM 수면이 그 지식을 강하게 하는 데 필요하지만, 해마로부터 그 정보를 전이시키기 위해서는 우선 서파수면이 필요하다.

사이언스의 같은 호에서 출판된 또 다른 논문에서 일단의 이스라엘 연구자들은 REM 수면을 방해하는 것이 또한 다른 종류의 기술을 학습하는 것도 방해한다는 것을 나타내었다. 그 실험에서는 절차기억procedural memory이 포함되었다. 절차기억이란 자전거를 타거나 테니스 공을 치는 것과 같이 연습에 의해서 자동화되는 '어떻게 하는' 능력의 기억이다. 전통적으로는 이런 종류의 기술을 장기기억에 새기는 데 연습만 하면 충분하다고 보았다. 이스라엘 연구자들에 의하면 사람들은 연습한 다음날 새로 익힌 절차기술이 더 향상된다. 그것도 그 사람들이 REM 수면을 취했을 때만 향상된다는 사실을 나타내었다.

최근에 행한 또 다른 연구는 새로운 기술과 지식의 학습이 하룻밤 수면을 취하고 난 후에 향상될 뿐 아니라 그 후 날마다 충분한 잠을 자는 한 여러 날에 걸쳐

서 계속 증진한다는 것을 보여주고 있다. 그리고 만약 무엇을 학습한 후 그 날 밤에 자지 않는다면 결코 그것을 만회할 수 없다. 비록 그 다음날 며칠 밤잠을 잘 자더라도 학습한 그 날 밤에 시작했어야 하는 기억의 응고화를 회복할 수 없다.

얼마만큼의 수면을 필요로 하는가?

결국 서파수면과 REM 수면 둘다 학습에 필요하다. 우리는 잠든 후 곧 서파수면으로 들어가는데, 이 수면 동안 해마는 전날 있었던 경험들을 재생하고 그것을 한바탕 피질로 보낸다. 이 수면단계는 특히 사실과 사건에 대한 기억과 같은 선언적 지식을 습득하는 데 중요한 역할을 한다.

REM 수면 동안 피질은 그 경험들을 다시 행하고 그 기억을 부호화하는 피질부위에 있는 뉴런 간 연결을 강화시킨다. REM 수면이 잠이 든 후 여섯 시간 정도 지난 후에 가장 중요하면서 많이 일어나기 때문에, 여섯 시간만 잔다면 학습을 촉진시키는 REM 수면기간을 놓치게 될 것이다. REM 수면은 선언적 기억과 새로운 절차기술을 습득하는 것과 같은 비선언적 학습 둘다에 중요한 것으로 보인다. 사실, 많은 종류의 학습에는 선언적 요소와 비선언적 요소가 포함되어 있다. 그래서 서파수면과 REM 수면 둘다 대부분의 새로운 과제를 학습하는 데 중요한 역할을 한다.

REM 수면은 절차기술에, 또 사실과 사건에 관한 의식이 되는 지식의 영구적인 기억에 결정적으로 중요할 뿐 아니라, 다른 유형의 비선언적 지식에도 결정적으로 중요하다. 그런 다른 종류의 비선언적 지식에는 우리가 그것을 깨닫든 깨닫지 못하든 우리의 행동에 영향을 미치는, 무의식수준에서 진행되는 학습 대부분이 포함된다.('의식하지 않으면서 하는 학습'(199쪽)을 보라) 이것이 바로 깨어있는 관점에서 볼 때 종종 꿈이 이상하게 보이는 한 가지 이유가 될 수 있다. 꿈에서 우리는 의식적으로 접근할 수 있는 기억, 지식, 기술뿐만 아니라 우리의 의식적 마음이 보통은 접근할 수 없는 뇌영역에 있는 기억도 돌이켜보고 반복한다.

거짓 증언

사건에 대한 기억은 대단히 암시받기 쉽다

만약 당신이 금혼식을 치르는 어떤 부부에게 그들의 젊은 시절 연애기간 동안 일어났던 사건에 관해 물어본다면 그 두 사람이 함께했던 경험에 대해 얼마나 서로 다르게 기억하는가를 발견할 수 있을 것이다. 만약 두 명의 자매가 자신들의 어린 시절에 있었던 어떤 광경에 대해서 서로 다르게 말하는 것을 당신이 들은 적이 있다면, 당신은 자신의 기억에 대해서 얼마나 확신하느냐는 그 기억을 얼마나 정확하게 회상하는 것과 꼭 관련되지는 않다는 것을 깨달을 것이다. 심리학자들은 오랫동안 기억이 과거에 일어난 그대로의 기록인 것으로 생각해 왔지만, 동일한 사건에 대해 증인들이 보고하는 바가 왜 그렇게도 극적으로 다를 수 있는가를 이해하기는 아직도 어렵다.

증인들이 서로 다르게 말하는 한 가지 이유는 사람들이 어떤 광경을 서로 다르게 볼 수 있다는 점이다. 두 사람은 서로 다른 기대를 가지고 그 광경을 관찰할 것이다. 다른 말로 표현하면, 우리는 종종 우리가 볼 것으로 기대하는 것을 본다. 다음 박스의 예에서 위의 반쪽에 쓰여있는 단어들을 한 번 보라. 거기에 e가 몇 개나 있나? c는 몇 개? 아래에 있는 반쪽에는 무엇이 있나? 당신은 확실히 맞다고 확신할 수 있나? 우리의 뇌는 의식도 하지 않으면서 자동적으로 간격을 채우든지 우리가 기대하는 것과 일치시키기 위해서 자서한 부분을 바꿀 것이다.

Let's have a
cup of eoffee!

There's no such
thing as a
a free lunch.

기억과 수정주의 역사책이 왜 그렇게도 많은 공통점을 가지고 있는가

한걸음 더 나아가서 두 사람이 함께 목격하는 어떤 사건에 대해서 동일한 기대를 가지고 보는 것이 가능하다고 상상해 보자. 그렇다면 그 두 사람은 며칠 후, 몇 달 후 혹은 몇 년 후에 동일하게 기억할까?

대답은 "그렇지 않다."는 것이다. 왜냐하면, 그 사람들의 회상은 그들 자신의 기대에 의해서 영향을 받을 뿐 아니라 그 이후에 무엇이 일어났는가에도 영향을 받기 때문이다. 기억은 시간이 흐르면서 변한다. 새로운 경험이 원래의 기억에 무의식적으로 짜여 들어가면서, 결국 그 후에 생각하는 기억으로는 원래의 사실을 말하기 불가능하게 된다.

기억이 잘 변할 수 있다는 데 대한 가장 잘 알려진 연구자 중에서 한 사람으로, 워싱턴 대학의 엘리자베스 로프터스Elizabeth Loftus가 있다. 그 연구자는 여러 해에 걸쳐서 인간기억이 계속 변화하는 상태에 있다는 증거를 모았다. 새로운 경험으로 이전의 인상이 변하고, 심지어는 그 이전 인상 위에 고쳐 쓰여지기까지 하면서 계속 변한다는 것이다. 그 연구자가 이룩한 많은 연구는, 증인의 마음에 어떤 범죄에 대한 잘못된 정보가 부지불식간에 심어지고 그래서 결정적인 세부사항을 다르게 회상하는가를 보여준다. 로터프스의 전문적인 보고는 부모나 아이를 돌보는 사람이 어린이를 괴롭혔다고 고발된 법정사례에 적용될 수 있다. 어린아이들은 성인들보다 잘못 회상하기 더 쉽다. 이는 어린이의 전두엽이 아직 충분히 발달되지 않았기 때문이다. 그 뇌영역은 지난 사건에서 '누가', '언제', '어디서', '무엇을' 했는가를 처리하는 영역이다.(이를 '원천기억'(source memory)에 대한 판단이라고 부른다) 어린이들은 좋은 뜻을 가진 성인이 어떤 것을 바랜다는 것을 지각하게 되면 거기에 따르는 경향이 있다. 그래서 사회복지가나 경찰이 어린이들에게 말할 때 어린이의 마음에 떠오르는 이미지와 생각이 원래의 기억과 쉽게 뒤섞인다.

로터프스의 연구로 인해 경찰이 증인에게 범죄

에 대해서 질문하는 방법에 제한이 생기게 되었다. 특히 검사는 자연적으로 그 사건에 관련된 개개인을 알아차릴 때 불확실한 것보다 확신하는 것을 좋아할 것이다. 만약 증인이 "이 사람이 그 사람일 수 있지만 확신할 수는 없어요."라고 말하지 않고 무의식적으로 어떤 사람의 사진을 가리킨다면 그 반응은 "예, 경찰관님, 그 사람이 바로 그 범인인 것을 확실히 말할 수 있습니다."가 된다. 증인과 경찰 간에 좋은 인간관계가 이루어지면 둘다 기분이 편할 것이다. 그리고 그렇게 되면 기소에서 이길 확률이 더욱 커진다. 그러나 그렇다고 꼭 실제의 범죄자를 확신할 수는 없을 것이다.

한 가지 기억이라고 하기보다는 두 가지 기억?

기억이 그 후 경험에 의해서 수정되거나 변하는 경향성은 어떤 심리학자도 반박할 수 없는 사실이다. 그러나 심리학자들은 원래의 기억이 뇌 어디에선가 계속 존재하느냐에 관해서는 서로 다른 견해들을 가지고 있다. 만약 그렇다면 아직도 옳은 기법만 쓴다면 원래의 기억에 접근할 수 있을 것이다. 어떤 연구자들은 기억의 두 판이 뇌에 공존할 것으로 믿는다. 하나는 원래의 판이고 다른 하나는 개정판으로, 인출과정에서 어느 것이 이길 것인가 싸움을 벌인다고 믿는다.

그러나 로프터스는 다르게 생각한다. 그 연구자는 단순한 실험을 고안했다. 그 실험에서는 사람들에게 어떤 사람이 노란 책을 읽고 있는 장면을 보게 했다. 그 후 그들에게 "당신은 그 파란 책을 읽고 있는 사람을 보았습니까?"라고 묻는다면 그들의 원래기억은 그 질문에 반응하면서 수정될 것이다. 그리고 그들은 파란 책을 읽고 있는 사람을 본 것을 기억한다고 주장했다. 만약 원래의 정확한 기억이 변경된 기억과 함께 계속 공존한다면, 증인에게 그 책이 다른 색이라면 어떤 색일까 추측하라고 압력을 가한다면 원래의 기억이 튀어나와야 할 것이라고 그녀는 추론했다. 사실이지 그녀의 실험에 참가한 세 배 많은 사람들이 노란색을 추측하기보다는 스펙트

럼에서 파란색 바로 옆에 있는 색깔을 추측했다. 이 결과로, 그 피험자들의 상당수가 실험자의 질문에 대답하면서 자신의 원래의 기억을 수정된 기억판으로 대체했다고 해석하는 것이 적절할 것이다.

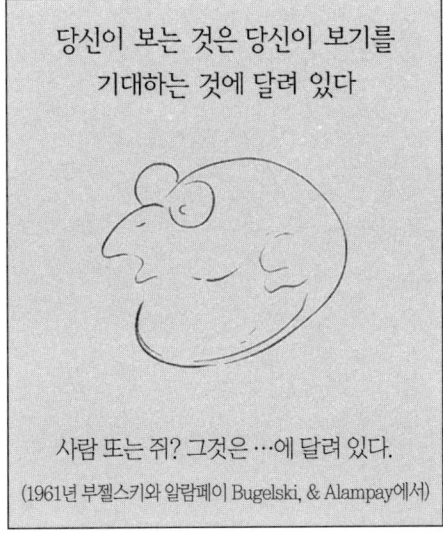

당신이 보는 것은 당신이 보기를 기대하는 것에 달려 있다

사람 또는 쥐? 그것은 …에 달려 있다.

(1961년 부젤스키와 알람페이 Bugelski, & Alampay에서)

기억을 지울 수 있는 약

대단히 최근에 한 연구는 로터프스의 견해를 지지하고 있다. 두 명의 뉴욕 대학 연구자들은 기억이 의식될 때마다 뇌가 그것을 분해하고, 그것을 장기기억 안에 다시 만들기 위해서 새로운 단백질을 제조한다는 증거

잘못된 기억들

뇌는 발견할 것으로 기대하는 것을 기억한다

아래에 있는 단어 목록을 한 번 읽어 보라. 그리고 그 목록을 덮고 당신이 회상할 수 있는 한 많은 단어를 적어 보라.

침대, 선잠, 꿈, 졸린, 베개

피곤한, 낮잠, 하품하다, 꾸벅꾸벅 졸다, 코골다

잠자다라는 단어를 썼는가? 그 단어는 그 목록에 없었다. 그러나 대부분의 사람들은 그 단어가 있다고 잘못 기억했다. 하버드대학교의 기억연구자인 다니엘 슈하터(Daniel Schacter)는 피험자에게 이 목록을 소리내어 읽어 준 후 PET 주사는 옳은 기억과 잘못된 기억 간에 있는 차이를 나타낸다는 것을 발견했다. 피험자가 실제로 읽은 단어를 회상할 때에는 청각피질이 밝아졌지만, 잠자다라는 단어가 잘못 회상되었을 때에는 그렇지 않았다.

이 경우에는 잘못된 기억이 원래의 기억을 덮어씌운 것이 아니라 그것을 더 늘렸다는 것에 주목하라. 다른 뇌영상 연구에서는 뇌에서 실제기억과 잘못된, 즉 변경된 기억 간에 어떤 차이도 확인하지 못했다.

를 발견했다. 이것은 기억에 접근하기만 하더라도 기억은 다시 만들어질 뿐만 아니라 새 정보를 통합하기 위하여 그 기억이 재조직될 수 있는, 즉 변하기 쉬운 상태로 된다는 사실을 시사하고 있다. 의식이 되는 회상을 하면 그 기억을 지우기 쉬운 상태로 만들 수 있다. 만약 변하기 쉬운 상태 동안 단백질생성을 차단하는 약물을 처치하면 기억을 다시 조립하는 것도 막는다.

사실 뉴욕 대학 연구자들은 실험실 쥐의 뇌에 항생제를 주입하여 새로운 단백질이 생성되는 것을 막으면서 그렇게 했다. 쥐가 그 기억에 접근한 후 몇 시간 이내에 그 약이 주입되었을 때, 쥐는 그 기억을 할 수 없었다. 이 경우는 파블로프 공포조건화 기억으로, 소리와 전기충격이 연합된 기억이다.

이런 새로운 발견은 현실에서 외상기억을 치료하는 데 적용될 수 있을 것이다. 외상기억이란 실험 쥐가 전기충격을 받은 외상기억과 같은 인간기억에 해당될 것이다. 만약 외상기억이 있는 환자가 그 기억을 하고 난 직후 단백질을 차단하는 약물을 가한다면 그 기억은 다시 조립되는 것이 차단될 것이다. 그래서 결국 그 기억은 환자의 뇌에서 지워질 것이다. 그 환자는 외상경험에 대한 기억상실증을 겪을 것인데, 그렇다면 그것은 나쁘지 않을 것이다.

연구자들이 할 다음 단계는, 인간뇌가 의식되는 자서전적인 기억을 공포-조건화 기억과 같은 방법으로 지우고 다시 만들 수 있는가, 그리고 뇌에 오랫동안 저장되어 온 기억도 그것에 접근할 때마다 다시 조립되는가 아닌가를 결정하는 것이다.

마음속으로 연습하기

운동기술을 시각화하는 것은 수행을 증진시킨다

등판하기 전에 홈런 타자 마크 맥과이어Mark McGwire는 투수가 공을 던질 때마다 자신이 어떻게 야구 방망이를 휘두르는가를 시각화한다. 긍정적인 사고의 힘과 같은 연습인가? 아마 그럴 것이다. 그러나 최근의 뇌영상 연구에 따르면 그 이상이 있다는 것이다. 맥과이어가 타석에서 할 것을 정신적으로 반복할 때 그는 자신이 실제로 방망이를 휘두를 때와 동일한 뇌회로를 사용하고 있다. 그는 그런 회로를 작용할 준비를 시킬 뿐 아니라 그 회로를 '오프라인'으로 연습하여 그가 등판할 때 수행이 증진되도록 하는 것이다.

시속 90마일의 빠른 속도로 공을 때리는 것과 같은 인상적인 운동기술 또는 나이프와 포크로 먹는 것과 같은 흔히 있는 운동기술은 절차기술procedural skills의 예가 된다. 우선 그 기술들은 명확한 언어적 지시("오른손을 안으로 하고 왼발을 밖으로 해라.")로 도움을 받을 수 있지만, 이러한 기술은 '근육기억'이 될 때까지 충분히 오래 연습할 때 완벽해진다. 그리고 그 기술은 정신적인 노력이나 의식적인 분석없이 자체적으로 기능하는 것으로 보이는 자동적인 능력의 저장고의 일부가 된다. 사실, 당신이 하고 있는 것에 대해서 너무 많이 생각하는 것은 실제로는 근육-기억 기술을 방해할 수 있다. 예를 들면, 전문적인 운동선수들은 아마추어들보다는 게임에서 결정적인 순간에 '긴장으로 실력발휘를 하지 못하는' choke 경험을 덜 한다.

물론 게임 규칙에 대한 지식이 우리의 근육에 있는 것이 아니듯이 근육기억이 근육에 있는 것은 아니다. 모든 종류의 기억은, 그것이 의식이 되든, 의식되지 않든, 뇌에 저장되는 것이다. 대부분의 장기기억은 반복과 정신적 시연으로 경험이 뇌에 구조적인 변화로 전환될 때 형성된다. 그 새로운 구조는 원래의 경험동안 발화했던 뇌세포들 간에 있는 연결과 통로를 강화시킨다. 그 뉴런망이 다시 활성화될 때 기억은 펼쳐진다.

이 모든 것이 사실에 대한 또는 사건(그 차가 교차로를 건너갈 때 신호등이 빨간색이었나, 노란 또는 초록색이었나?)에 대한 '지적인' 기억에는 충분히 그럴 듯하게 들린다. 그러나 운동기술에 대한 '근육' 기억에는 어떤가? 마음속으로 홈런을 치는 것을 시각화하는 것은 확실히 실제로 홈런을 치는 것과 동일하지는 않다.

운동기술은 그것을 하는 것에 대해 꿈을 꾸는 동안에도 '연습' 된다

꿈꾸는 것이 학습과 기억과정에서 어떤 역할을 하는가에 대한 연구에서 어떤 실마리가 나온다. 최근 견해에 따르면 빠른-눈동자-움직임REM이 있는 수면, 즉 '꿈' 수면은 야구공을 때리는 것과 같은 절차기술뿐 아니라 사실과 사건에 대한 선언적 지식에도 중요하다.('중요한 작용을 하는 꿈'(169쪽)을 보라) 사람들은 흔히 자료를 입력하든지 벽장에 페인트칠하는 것과 같은 낮 동안에 한 일상적인 활동에 관해 꿈을 꾼다.

뇌영상 자료에 따르면, 꿈에서든 깨어있으면서든 절차기술을 시각화하는 것은 사실 시각피질뿐 아니라 운동피질도 활성화시킨다. 맥과이어가 야구공을 때리는 것을 시각적으로 상상할 때는, 그의 뇌가 근육에 공을 때리라고 명령을 내릴 때까지 사용되는 모든 회로, 즉 그가 공을 때릴 때 활동하는 모든 뇌회로를 사용하고 있는 것이다. 즉, 시각화할 때 그는 일차시각 피질에서부터 두

정엽에 있는 시각을 이미지로 처리하는 중추를 거쳐 일차 운동영역과 이차 운동영역까지 다 사용하고 있는 것이다(만일 맥과이어가 자면서 홈런 치는 것을 꿈꾼다면 그때 그가 수면의 자연적인 생화학물질로 인해 일시적으로 마비되지 않는다면 실제로 홈런을 쳤을 것이다).

시각화가 실생활에서 하는 것에 실제로 도움을 주는가? 많은 연구에 따르면 그렇다. 정신적인 연습은 신체적인 연습과 같이 실제로 절차기술을 담당하는 뇌 회로를 강하게 한다. 그렇다고 당신이 그 기술을 능숙하게 하기 위해서 그 기술을 신체적으로 연습할 필요가 없다는 것을 의미하지는 않는다. 그러나 시각화기법을 신체로 하는 연습과 결합시키면 신체로만 연습하는 것보다 더 빠르고 더 좋은 결과를 낳을 수 있다. 이 방법으로 당신은 자신의 근육을 전혀 사용하지 않을 때에도 자신의 근육기억을 증진시킬 수 있다.

SELF TEST **점화과제**

다음에 나오는 단어 각각을 약 5초 간 주의깊게 공부하라. 그리고 약 한시간 동안 당신이 하고 있었던 것 — 예를 들면, 이 책을 읽는 것 — 을 계속하라. 그때 가서 208쪽에 있는 것을 보라.

assassin	octopus
avocado	mystery
sheriff	climate

의식하지 않으면서 하는 학습

어느 정도의 표절은 왜 피할 수 없는가

어떤 사람이 당신의 아이디어를 훔치고 그 아이디어를 자신의 공로로 삼는 것을 본다면 정말 화가 날 것이다. 그러나 일분만 참아 봐라. 우리들 모두 그런 종류의 지적절도죄를 범하고 있다. 우리의 가장 좋은 '원래의' 통찰 중 많은 것이 사실이지 간접적인 것으로, 우리가 편리하게도 망각한 원천에서 수집한 것이다.

이 망각은 우리가 다른 사람의 아이디어를 훔치면서도 편안하게 느끼도록 하기 위해서 고안된, 자신을 보호하는 심리학적 기제의 종류인가? 꼭 그렇지만은 않다. '정직한' 표절은 인간 기억의 두 가지 특징의 작용방식에서 생겨난다.

의식적 기억계와 무의식적 기억계

첫째, 우리가 어떤 사실을 의식하는 의식적 지식의 저장고인 의미semantic기억계는 아빠의 어릴 적 별명이 무엇이었고 스위스의 수도가 어디인지에 대한 지식과 같은 정보를 파지하기 위해서 고안되었다. 우리가 그것을 언제, 어디서, 어떤 환경에서 학습했는가에 대한 세부적인 것은 기억하지 못하면서도 그런 것은 기억한다. 둘째, 그리고 더욱 흥미를 자아내는 것으로, 정직한 표절은 종종 우리 뇌에 의식적 기억계와 무의식적 기억계가 독립적으로 있다는 사실에서 생겨난다. 다시 말하면, 우리가 순진하게 다른 사람의 아이디어를 훔칠 때 우리는 사실 그것이 기억이라는 것을 깨닫지 못하면서 그것을 기억할 것이다.

원천기억에 대한 망각은 이해하기 쉽다. 우리가 세상에 대해서 아는 것 또는 우리가 안다고 생각하는 것 대부분의 원천을 우리는 오래 전에 망각했다. 당신이 'nevertheless' 라는 단어의 의미를 언제 배웠는가? 누가 제일 먼저 당신이 어디에서 태어났다는 사실을 말해주었나? 당신은 레스토랑에서 음식을 서비스한 것에 대해 손님에게 돈을 청구한다는 것을 어떻게 알게 되었나? 이런 지식이 당신의 의미기억 저장고에 어떻게 들어왔는지는 중요하지 않다. 중요한 것은 그 정보가 거기에 있다는 것이다. 그래서 어떤 것을 배운 상황을 망각하는 과정은, 뇌가 별로 중요하지 않은 자료로 어지럽히지 않게 되면서 중요한 지식만 파지하는 효과적인 기제일 것이다.

그러나 무의식적인 표절을 생기게 할 수 있는 두 번째 특징은 덜 분명하다. 기억이란 단일한 시스템인데 표현이 여러 가지(장소에 대한 기억, 테니스 공을 치는 기억, 무의식적 습관과 일상적인 일에 대한 기억)라는 견해와 대조적으로, 이제 연구자들은 의식적 회상과 의식적 지식과는 분리된, 무의식적 내현적 기억이 존재한다는 것을 인정하고 있다. 그 연구자들은 이 서로 다른 시스템들이 뇌의 다른 부위에서 작용하는 서로 다른 신경망에 의존한다는 것을 증명해 보일 수 있다.

외현적 기억과 점화기억의 신경기초 간에 있는 차이

연구자들은 외현적 기억과 점화형태의 내현적 기억 각각에 대한 뇌-활동의 패턴이 서로 다르다는 것을 확인했다.

그 연구자들은 피험자들에게 수십 개의 단어가 있는 목록을 보여주었다. 연구자들은 피험자에게 그 목록에 있는 단어 중 반에 대해서는 각 단어를 넣어 문장으로 만들도록 했다. 예를 들면, 그 단어 중 하나가 햄먹(hammock)이라면, 그 단어를 넣어서 다음과 같은 문장으로 만들 수 있다.

"그 은행강도는 도주한 후 햄먹에서 잠이 들었다."

그 목록에 있는 다른 단어 반에 대해서는 피험자들에게 단지 그 단어에 있는 첫 글자와 마지막 글자가 알파벳 순서로 맞게 되어 있는지 결정하여 답하도록 했다.(예를 들면, hammock이라면 h가 k보다 앞에 오니까 알파벳 순서로 맞게 되어 있다)

그 피험자들은 깊은 처리과제인 첫번째 과제를 한 후 몇 분 후에 그 단어를 잘 기억한다. 일반적으로 당신이 어떤 정보의 의미에 대해서 생각하면 그 정보에 대해서 의미를 생각하지 않는 것보다 기억하기 쉬울 것이다. 얕은 처리과제는, 단어의 의미에 대해서 아무런 것도 생각하지 않는 과제로, 이는 의식적 기억과정에 많은 도움이 되지 못한다.

그리고 나서 그 피험자들에게 다시 그 단어 각각을 5초씩 보여준다. 이때에는 그 단어들과 첫번째 목록에 있지 않았던 다른 단어와 섞어서 보여준다. 피험자들은 '깊게' 처리한 단어들을 '얕게' 처리한 단어들보다 더 잘 기억하는 경향이 있었다. 그 피험자들은 얕게 처리한 단어들을 그들이 이전에 보지 않았던 새로운 단어들과 같은 분류로 나누는 경향이 있었다.

그 피험자들이 이미 본 단어라고 외현적으로 기억한 단어들 모두에 대해서는 전두엽영역에서 그것에 대한 특정적인 뇌파가 나타났다. 그러나 이전에 본 모든 단어에 대해서—그 단어를 첫번째 목록에서 본 것이라고 기억한 단어든 기억하지 못한 단어든—뇌의 다른 영역인 두정엽에서 특정한 뇌파가 나타났었다. 그렇기 때문에 사실 뇌의 그 영역은 피험자가 기억하고 있다는 것을 의식하지 못하는 것도 기억했다.

'점화기억'은 어떻게 작용하는가

잘 연구된 한 가지 내현기억 종류는 점화priming 기억으로 알려진 것이다. 그 이름은 이전에 접한 정보는 뇌가 이전에 그 과제를 경험한 것을 옳게 회상하도록 '점화' 시킬 수 있다는 견해에 기초하고 있다. 이것은 회상된 데이터가 원래 의식되지 않는 수준에서 저장되었다하더라도 일어난다. 의식적 점화과제의 예로, 198쪽에 있는 Self Test에서 당신은 단어목록을 공부한 후 얼마간 시간이 흐른 후 그 단어에 있는 글자 중 일부분만 있는 다른 단어목록을 보게 된다. 점화현상은 그 단어의 공간을 메울 때 앞의 목록에 있었던 단어를 만드는 현상이다. 당신이 그 단어를 첫번째 목록에서 본 것이라고 명확하게 기억하든 하지 않든 이것은 작용한다. 기억연구자들이 행한 한 실험에 의하면 점화효과는 일주일 후에도 한시간 이후에 할 때만큼 강하게 나타난다. 비록 그 목록에 대한 외현적 기억이 그 이후로 쇠퇴해졌지만 그렇다.

그렇기 때문에 점화기억은 우리가 이전에 보았

다는 것을 의식적으로 기억을 할 수 없는 것도 우리가 알아차릴 수 있게 하는 기억이다. 실제는 이 이상으로, 좀 이상한 것으로 될 수 있다. 아래에 나오는 시나리오를 상상해 보라. 심각한 기억상실증이 있는 한 환자를 의사에게 인사를 시켰다. 그 후 그 의사가 방을 나간 후 10분 후에 그 환자에게 여러 개의 얼굴사진을 보여주었다. 거기에는 방금 만났던 그 의사의 얼굴도 있었다. 그 환자에게 사진에 있는 사람 중 누구라도 만난 적이 있는 사람이 있느냐고 물었다. 그때 그 환자는 아무도 만난 적이 없다고 대답했다. 그러나 만약 그 환자에게 그 사람 중 어떤 사람을 만났다면 그 사람이 누구일지를 추측해서 그 얼굴을 지적하라고 압력을 가하면, 그 환자는 10분 전에 만났던 그 의사의 사진을 가리킬 것이다(208쪽에 있는 빠진 글자를 채우는 문제는 기억상실증 환자도 잘 한다).

점화와 같은 내현기억 기제는 우리가 의식하지 못하는데도 우리의 행동에 영향을 미친다. 만약 위에서 기술한 기억상실증 환자에게, 사진에 있는 얼굴 중에서 호감이 가는 얼굴을 판단하라고 하면 그 의사의 얼굴을 가리킬 것이다. 그래서 어떤 것에 단순히 노출만 되어도 우리가 그것을 본 적이 있다는 사실을 기억하든 기억하지 못하든 그것을 좋아하게 된다. 광고주들은 이러한 사실을 꽤 오래 전부터 이해해왔다. 그러나 만약 그 의사가 그 환자에게 기분 나쁘게 행동했다면 그 환자는 그 얼굴을 보면서 별로 좋지 않은 사람으로 판단할 것이다. 이와 비슷하게, 공포증으로 고생하는 사람에게서 나타나는 것처럼, 불쾌한 경험은 그 경험 자체가 망각된 후에도 공포 반응을 일으킬 수 있다.

당신의 잠에서도…

뇌연구자들은 사건-관련 뇌전위event-related brain potential; ERP의 기록을 보면서 외현적 기억, 그리고 점화 기억과 같은 내현적 기억 간에 있는 차이를 알아내게 되었다. 사건-관련 뇌전위는 두피에서 전극으로 탐지하는 뇌의 전기활동을 기록한 것이다. 『네이쳐Nature』라는 학술잡지에 최근 출판된 한 연구에서, 영국과 오스트리아 연구자들은 외현기억을 할 때와 내현기억을 할 때 뇌활동의 패턴이 다르게 나타나고, 각 기억에 다른 뇌부위가 관련된다는 것을 나타내었다.(다음에 있는 박스를 보라) 의식적 재인은 전두엽과 많이 관련된다. 반면 무의식적 점화기억은 뇌의 좀더 뒤쪽에 있는 두정엽에 달려 있다.

언제, 어디에서, 어떻게 당신이 알게 되었다는 것을 기억하는 원천기억의 현상이 전두엽에 많이 의존한다는 것은 우연한 일치가 아니다. 어린아이들은 이 기억을 잘 하지 못한다. 이는 뇌의 전두엽이 느리게 발달하기 때문이다.(『뇌를 깨워라』, '속이는 뇌' (97쪽)를 보라) 예를 들면, 갓난 아기들은 엄마목소리를 듣고 그 목소리라는 것을 아는데, 이 상황은 외현적 기억을 하지 못하면서 내현적 기억만 하는 기억상실증의 상황과 비슷하다. 의식적, 외현적 기억이 출생 후 6개월에서 1년 사이에 발달한 이후에도 우리의 내현적 기억 시스템은 우리가 사는 동안 계속 작용하고 우리의 행동에 영향을 미친다. 비록 우리가 그것을 의식하지 못하더라도 그렇다.

점화과제에 대한 결론, 198쪽

당신은 한시간을 기다렸는가? 그렇다면 좋다. 이제 아래에 글자가 빠져 있는 단어를 보라. 이제 빠진 곳을 채워라. 되도록 옳은 영어단어가 되게 하라. 그리고 나서 책을 거꾸로 돌려서 단어 아래에 있는 것을 읽어라.

ch___nk

0_t__us

_og_y___

_l_m_te

빠진 글자를 채우면서 당신이 쓸 수 있는 단어가 있다: chipmunk, octopus, bogeyman, climate. "octopus"와 "climate"는 쓰고, 다른 것은 쓰지 못했는가? "octopus"와 "climate" 그 두 단어는 당신이 한 시간 전에 본 목록에 있었던 단어다. 만약 당신이 이렇게 했다면, 당신이 빠진 글자를 채울 때 원래의 목록에 있었던 단어를 보는 것이 그 단어들을 더 쉽게 생각할 수 있는 당신의 능력에 불을 지핀 것이다. 즉 점화한 것이다.